Elke Berninger-Schäfer

Digital Leadership

Die Digitalisierung der Führung

managerSeminare Verlags GmbH – Edition managerSeminare

Elke Berninger-Schäfer
Digital Leadership
Die Digitalisierung der Führung

© 2019 managerSeminare Verlags GmbH
2. Aufl. 2020
Endenicher Str. 41, D-53115 Bonn
Tel: 0228-977910, Fax: 0228-9779199
info@managerseminare.de
www.managerseminare.de/shop

Printed in Germany

ISBN: 978-3-95891-048-5

Herausgeber der Edition managerSeminare:
Ralf Muskatewitz, Jürgen Graf, Nicole Bußmann

Lektorat: Ralf Muskatewitz
Coverfoto: istock©ismagilov, Montage: Stefanie Diers
Abbildungen: Elke Berninger-Schäfer
Illustrationen: Stefanie Diers
Druck: Kösel GmbH und Co. KG, Krugzell

Klimaneutral
Druckprodukt
ClimatePartner.com/12027-2001-1003

Inhalt

Einleitung

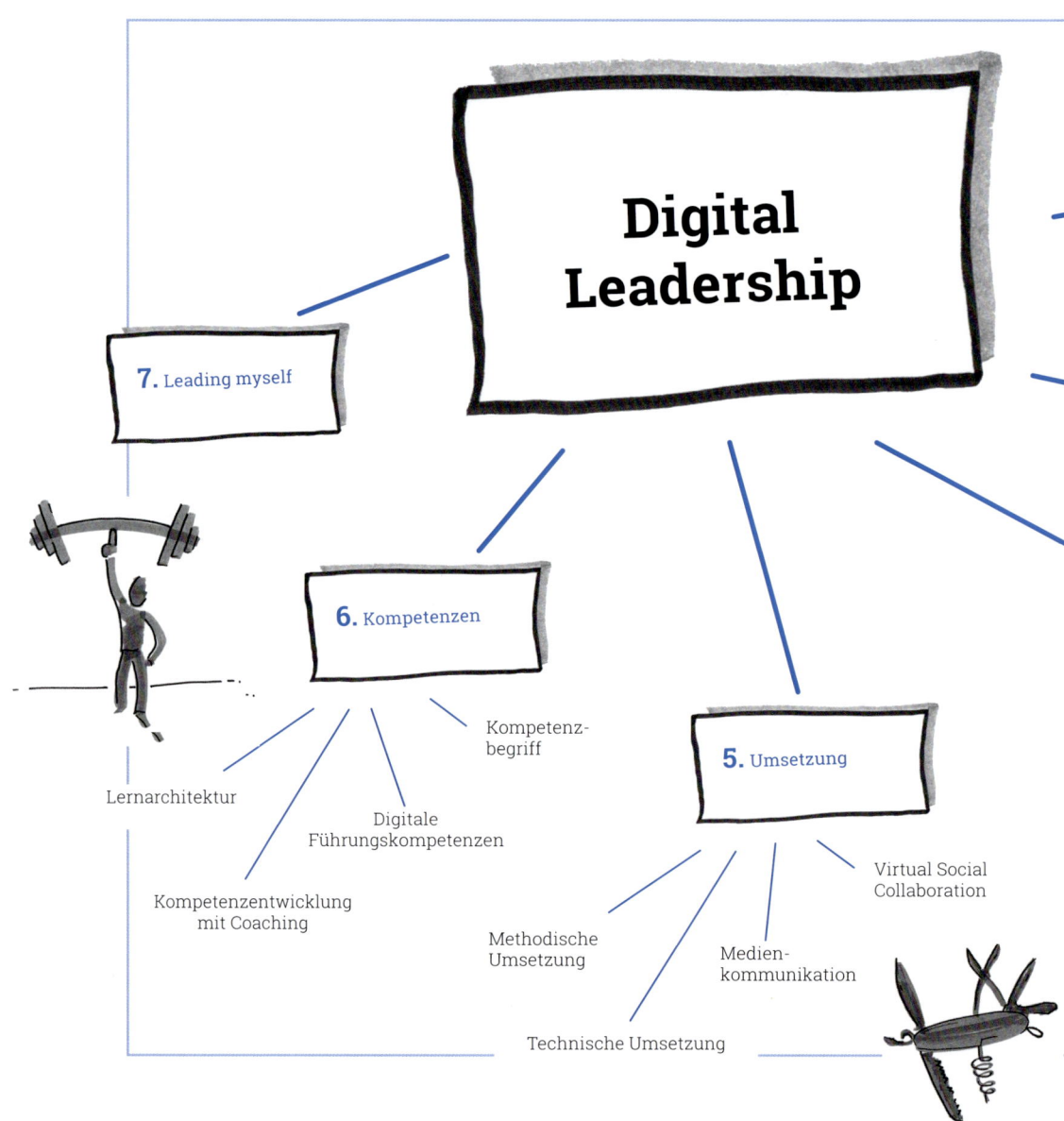

Digital Leadership

7. Leading myself

6. Kompetenzen

Kompetenz-
begriff

Lernarchitektur

Digitale
Führungskompetenzen

Kompetenzentwicklung
mit Coaching

5. Umsetzung

Virtual Social
Collaboration

Methodische
Umsetzung

Medien-
kommunikation

Technische Umsetzung

Elke Berninger-Schäfer

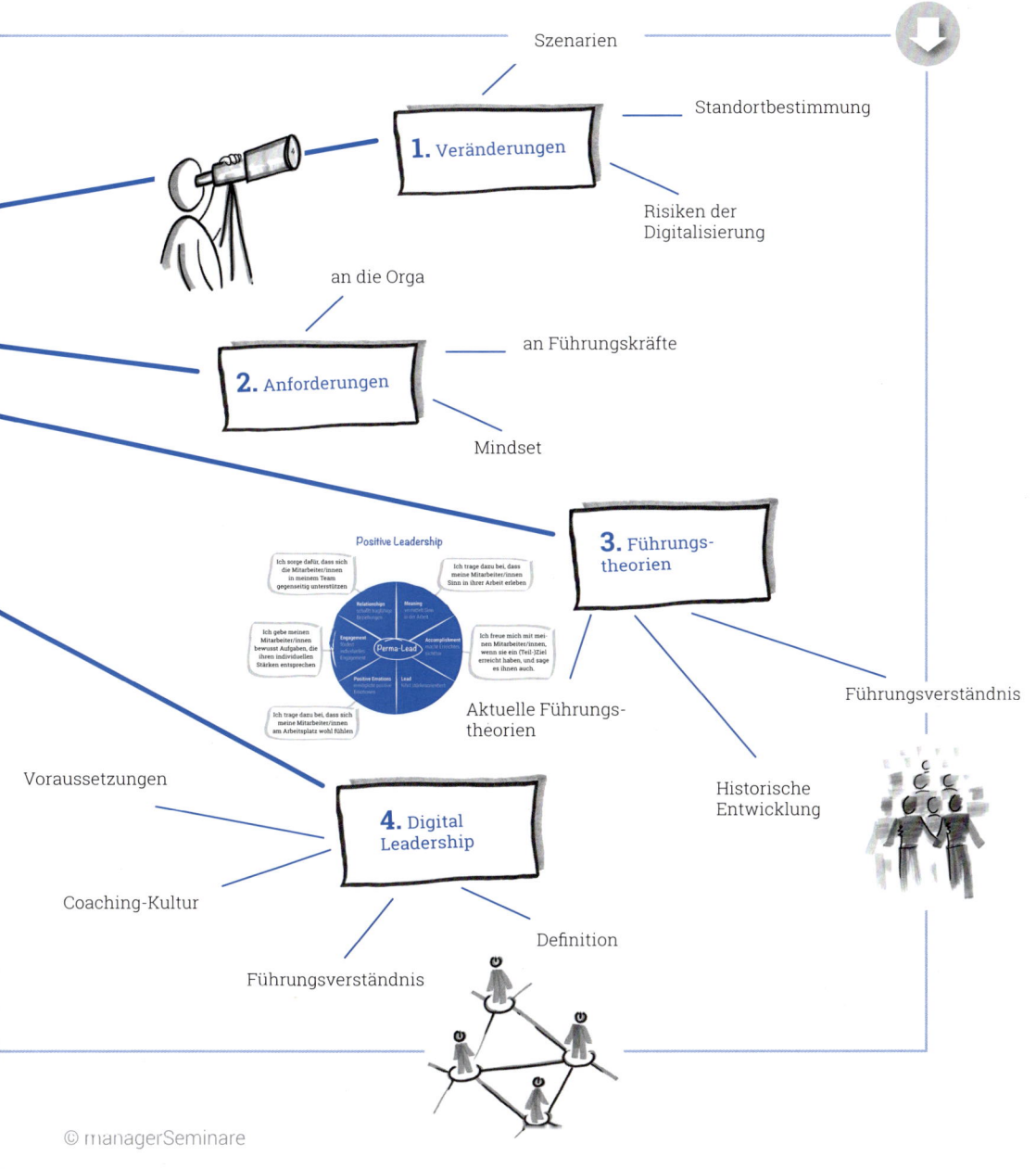

Szenarien

Standortbestimmung

1. Veränderungen

Risiken der
Digitalisierung

an die Orga

an Führungskräfte

2. Anforderungen

Mindset

Positive Leadership

3. Führungs-
theorien

Führungsverständnis

Aktuelle Führungs-
theorien

Voraussetzungen

Historische
Entwicklung

4. Digital
Leadership

Coaching-Kultur

Definition

Führungsverständnis

Darum geht's

Die Trendforschung sagt voraus, dass die Veränderung der Lebens- und Arbeitswelten durch die Globalisierung und Digitalisierung ebenso wie die Veränderung der Werte der Generationen Y und Z mit einem Paradigmenwechsel der Führung einhergehen werden.

Eine Veränderung des Führungsverständnisses hat es im Verlauf der Menschheitsentwicklung immer wieder gegeben, da Führung zur Menschheitsgeschichte dazugehört. Symbole für Führung finden sich in den Hieroglyphen Ägyptens von vor über 5.000 Jahren und in hebräischen Schriften, in den Texten von Konfuzius in China, im Klassizismus des antiken Griechenlands, in Homers Odyssee, in der Bibel, in der Benediktinischen Ordensregel aus dem 6. Jh., in Machiavellis „Der Fürst" im 16. Jh. oder im Telemach von Fenelon im 17. Jh. Der Begriff Leadership erscheint im englischsprachigen Raum seit etwa 200 Jahren, speziell im Britischen Parlament. Leadership und Führung werden in der deutschsprachigen Literatur synonym verwendet. Aufgrund der nationalsozialistischen Geschichte ist in Deutschland der Begriff „Führer" anders als der Begriff „Leader" nicht mehr gebräuchlich, er wird größtenteils durch den Begriff „Führungskraft" ersetzt.

Die bereits stattfindenden und anstehenden Veränderungen im Zusammenhang mit Digitalisierung brauchen neue, digitale Kompetenzfelder, welche entwickelt und qualifiziert werden müssen, damit professionelle Vorgehensweisen auch im digitalen Führungsalltag entstehen können. Hiervon sind sämtliche Führungsebenen betroffen, vom Top Management bis zu den Nachwuchsführungskräften, aber auch alle sie begleitenden und beratende Personen.

Heute ist es bereits möglich, dass Mitarbeitende ihre Führungskraft nicht nur persönlich erleben, sondern ihr in virtuellen Welten begegnen können. Dies wird zunehmend erforderlich, wenn es um Zusammenarbeit von Menschen in verteilten Teams geht, um standort- oder länderübergreifende Vernetzungen. Auch können Führungskräfte bereits wählen, in welcher Rolle, in welcher virtuellen Umgebung und mit welchen Tools und Formaten sie ihren Aufgaben nachkommen möchten.

Hier ein Beispiel: In Abb. 1 ist eine Teamdarstellung mit einer weiblichen Führungskraft und vier weiteren Mitarbeitenden im Rahmen einer Teamentwicklungsmaßnahme mit einem Online-Tool vorgenommen worden.

Abb. 1: Begegnung zwischen Führungskraft und Mitarbeitenden auf einer Plattform, die für Digital Leadership und Online-Coaching entwickelt wurde

Erste Online-Prozesse und -Tools, die speziell für die Bedarfe von Digital Leadership entwickelt wurden, unterstützen Führungskräfte in diesem Zusammenhang unmittelbar in der Wahrnehmung ihrer Aufgaben und der Gestaltung ihrer Rollen. So viel kann bereits jetzt verraten werden: Führung im Zeitalter der Digitalisierung geht einher mit einer (teilweisen) Digitalisierung der Führung, die sich den aktuellen Herausforderungen stellt. Die dahinterstehenden Führungskonzepte und digitalen Vorgehensweisen werden in diesem Buch vorgestellt.

Was erwartet Sie?

▶ In **Kapitel 1** setzen wir uns mit der Frage auseinander, was wirklich neu ist an den derzeit beschriebenen Führungsansprüchen. Während die Digitalisierung bereits in vielen Arbeits- und Lebensbereichen eine Selbstverständlichkeit geworden ist, unterscheiden sich Organisationen und ihr Management noch sehr deutlich im Grad ihrer Digitalisierungskompetenz. Daraus entstehen Unsicherheiten, welche auch mit den Risiken der Digitalisierung zusammenhängen.

▶ **Kapitel 2** bringt Ihnen die Anforderungen an Digital Leadership näher. Diese Anforderungen beziehen sich zum einen auf organisationale Prozesse und Strukturen und zum anderen auf die

Führungskraft selbst. Sie erfordern ein bestimmtes „Mindset"
von Führung.

▶ In **Kapitel 3** widmen Sie sich den heutigen Führungskonzepten
und ihrer Entwicklung. Hierzu gehören die Klärung des Führungsverständnisses und die Entwicklung von Führungstheorien als Grundlage, auf der Digital Leadership aufbaut.

▶ **Kapitel 4**: Hier dreht es sich um Digital Leadership. Sie erfah-
ren, welche der bisher dargestellten Führungskonzepte in Digital Leadership einfließen. Hinzu kommt die Ausübung von
Führung über Medien und Online-Tools, was mit konkreten
Beispielen illustriert wird. Die Grundlage bildet eine Organisationskultur, welche mit Haltungen, Werten und Vorgehensweisen einhergeht, die denen des professionellen Coachings
entspricht.

▶ **Kapitel 5** beschreibt, wie Digital Leadership zurzeit methodisch
umgesetzt wird und welche technischen Voraussetzungen
hierfür hilfreich sind. Hierbei spielen agile Managementmetho-
den und das Führen in verteilten Teams eine wichtige Rolle.

▶ In **Kapitel 6** gehen wir auf die erforderlichen Kompetenzen für
Digital Leadership ein und machen einen Vorschlag, mit welcher Lernarchitektur diese entwickelt werden können.

▶ Im abschließenden **Kapitel 7** stellen wir uns die Frage, ob Führungsvorstellungen, wie sie in Bezug auf Digital Leadership gefordert werden, überhaupt realistisch sein können. Da es zum
gegenwärtigen Zeitpunkt allerdings auch noch keine künstliche Intelligenz gibt, die hier einspringen kann, sollten sich
Digital Leaders auf den Weg machen, dem Ideal zumindest
nahezukommen.

Danke
Digital Leadership ist bereits ein Hype-Thema, wenn es auch mit einem
unterschiedlichen Verständnis genutzt wird. Meist wird damit Führung
im Rahmen der digitalen Transformation gemeint, wobei das herkömm-
liche, analoge „Mindset" von Führung vorherrschend ist. Umso mehr bedanke ich mich bei allen, die mit mir einen Schritt weiter gegangen sind
und die Digitalisierung von Führung für möglich und sinnvoll halten.

Mein Dank gilt dem Team des Karlsruher Instituts und der CAI GmbH, die mit Freude innovative Wege beschreiten. Danke Heidi Kupke, Sandra Ebner, Michelle Ihle, Ralf Wahl, Tim Kieritz, Julian Bereth und Mike Konrad.

Ich bedanke mich bei meinen HochschulpartnerInnen für inspirierende Gespräche und Experimente, insbesondere bei Prof. Dr. Michael Nagy von der Hochschule der Wirtschaft für Management (HdWM), Prof. Dr. Dr. Irina von Kempski von der Hochschule Karlsruhe für Technik und Wirtschaft, Prof. Hansjörg Künzli von der Zürcher Hochschule für Angewandte Wissenschaften und Prof. Dr. Claudia Schneider von der Fachhochschule für öffentliche Verwaltung und Finanzen Ludwigsburg.

Alle noch so tollen Projekte und Pläne ließen sich nicht verwirklichen, wenn es nicht KundInnen gäbe, die offen für neue Ideen sind und mutig pionierhafte Wege mitgehen. Ihnen gilt mein wärmster Dank.

Ihre Elke Berninger-Schäfer

Downloads
Zu diesem Buch gibt es Download-Material mit Arbeitsblättern für Ihre tägliche Praxis. Download-Hinweise finden Sie direkt an der entsprechenden Stelle im Buch.

Download Handouts erkennen Sie an diesem Symbol – den Link finden Sie in der Umschlagklappe

1 Veränderungen oder Moden und Mythen?

> „Man füllt auch nicht jungen Wein in alte Schläuche. Wenn man das macht, reißen die Schläuche, der Wein läuft aus und die Schläuche sind unbrauchbar. Man füllt vielmehr neuen Wein in neue Schläuche, so bleiben beide miteinander erhalten."
> (Matthäus 9,17)

Im Verlauf der Jahrhunderte entstanden unterschiedliche Führungsvorstellungen. Aktuell werden gerade wieder Führungsmodelle der Arbeitswelt 4.0 diskutiert. Man muss sich die Frage stellen, wie neu diese Modelle eigentlich sind oder ob sie sich nicht vielleicht eher als „alter Wein in neuen Schläuchen" entpuppen.

Digitalisierung löst Veränderungen aus, die teilweise im Alltag bereits deutlich spürbar sind, teilweise Zukunftsängste auslösen und teilweise bereits zu neuen Geschäftsprozessen, Arbeitsmodellen und auch Führungserwartungen führen. Doch sind diese Veränderungen so gravierend, dass sie tatsächlich Neues, noch nie Dagewesenes bedeuten? Und wie gut ist die Digitalisierung in Organisationen bereits angekommen? Wie steht es im Management um den Grad ihrer Digitalisierungskompetenz?

Aktuelle und künftige Szenarien, eine Standortbestimmung zur herrschenden Situation von Digital Leadership und den damit verbundenen Risiken bilden den Ausgangspunkt für die weiteren Überlegungen.

1.1 Szenarien

Es ist bereits ein alltägliches Szenario, dass viele Dienste im Haushalt von Geräten übernommen werden. Die Waschmaschine knattert, der Trockner summt, die Spülmaschine rauscht, der Saugroboter brummt. Die Jalousien werden von einer App betätigt, die Heizung mit einem smarten Gerät aus dem Baumarkt reguliert usw. Ein Kühlschrank, der spricht und Einkäufe erledigt, selbst fahrende Autos, die sich eigenständig einen Parkplatz suchen und weitere Geräte, die per Sprache bedienbar sind und das Leben leichter machen, werden bereits zu greifbarer Realität.

Was zukünftige Szenarien anbelangt, so sagt der israelische Historiker Yuval Noah Harari in einem Spiegel-Interview mit dem Titel: „Wir werden wie Götter sein" die Entwicklung von Supermenschen voraus – und dies bereits für die kommenden Jahrzehnte. Seiner Meinung nach werden die wichtigsten Produkte des 21. Jahrhunderts Körper, Gehirn und Bewusstsein sein. Der Autor benennt dabei drei Wege, wie sich der Mensch weiterentwickeln wird. Erstens durch Biotechnologie, da durch künstlich erzeugte Genmutationen ganz neue Fähigkeiten des Menschen entstehen können. Zweitens, indem organisches Leben mit nicht organischen Apparaten, wie etwa künstliche Augen oder Gliedmaßen, kombiniert wird. So gibt es auch heute schon Beispiele, dass Patienten mit der Kraft ihrer Gedanken ihre Gliedmaßen bewegen können. Der dritte Aspekt wäre seiner Prognose nach die Möglichkeit, menschliches Bewusstsein in eine Software zu laden. Dadurch entstünden Menschen, die Harari „Super Humans" nennt, da sie Eigenschaften besitzen, welche früher den Göttern zugeschrieben wurden. Des Weiteren führt er aus, dass es wahrscheinlich ist, dass auch viele Dienstleistungen von künstlichen Intelligenzen übernommen werden (Harari, 2017).

Die Gefahr der Manipulation durch algorithmisch ausgewertete Daten ist bereits Realität. In seiner Zukunftssatire „Qualityland" arbeitet dies der deutsche Kabarettist und Buchautor Marc-Uwe Kling mit köstlicher Ironie auf. Er beschreibt dort eine Welt, in der Algorithmen das gesamte Leben optimieren. In dieser Welt verfügen witzige, künstliche Intelligenzen über menschliche Eigenschaften, z.B. ein Kampfroboter mit posttraumatischen Belastungsstörungen, Drohnen, die unter Flugangst leiden, ein Roboter als Präsidentschaftskandidat mit einem hoch entwickelten ethischen Bewusstsein, eine E-Poetin mit Schreibblockade oder eine sprechende Tür (Kling, 2017).

Eine nicht ganz ernst gemeinte Prognose

Digital Natives, Digital Imigrants und Digital Ignorants

So verdreht ist die digitale Entwicklung zum Glück nun doch noch nicht. Dennoch gilt: Eingebettet in eine Entwicklung, die den ganzen Planeten und die menschliche Weiterentwicklung insgesamt beeinflusst, ist die

 tägliche Auseinandersetzung mit den Auswirkungen der Digitalisierung in der Lebens- und Arbeitsgestaltung notwendig. Dabei stehen „Digital Natives" vor anderen Herausforderungen als Personen, denen die analoge Welt bisher vertraut war. Diese Personen müssen sich künftig entscheiden, ob sie zu den „Digital Imigrants" gehören wollen, d.h. zu denjenigen, die sich auf den Weg machen, Wissen und Kompetenzen zu erwerben, die ihnen den Zugang zu digitalen Welten ermöglichen oder ob sie zu den „Digital Ignorants" gehören wollen, welche sich diesen Entwicklungen verweigern (Petry, 2016).

Gleiches gilt für Organisationen, in denen alle drei Personengruppen zusammenkommen und insbesondere in den Chefetagen, wo die Weichen für den gegenwärtigen und den zukünftigen Umgang mit den Herausforderungen der Digitalisierung gestellt werden.

In einer Ausgabe der Zeitschrift managerSeminare wird die Arbeitswelt 2030 folgendermaßen beschrieben: „In zwölf Jahren wird die Arbeitswelt digital und flexibel sein, hauptsächlich aus Projektarbeit bestehen, Arbeits- und Berufsleben werden kaum noch zu trennen sein und Selbststeuerung wird Führung größtenteils ersetzt haben" (managerSeminare, 2018).

1.2 Digital Leadership – eine Standortbestimmung

In größeren Unternehmen ist es längst selbstverständlich, dass Meetings über Telefon- und Videokonferenzen durchgeführt und Projekte digital gesteuert werden, dass weniger über E-Mails, sondern mehr über interne, soziale Netzwerke kommuniziert, Wissen geteilt und Wissensmanagement betrieben wird. Es gibt neue WettbewerberInnen und kürzere Produktlebenszyklen. Innovation und Geschwindigkeit werden zu Treibern von Erfolg in einem veränderten Wettbewerb. Automatisierung, Vernetzung und der Umgang mit riesigen Datenmengen sind Kennzeichen großer Veränderungen. Dieser Wandel wirkt sich auf alle Geschäftsbereiche aus.

Im Organisationskontext betrifft dies

- Geschäftsmodelle,
- die gesamte Wertschöpfungskette,
- sämtliche Geschäftsprozesse,
- Kundenorientierung,
- die Marktpositionierung im Wettbewerb,
- Umsatzquellen,
- Sicherheit,
- die Organisationskultur,
- das Führungsverhalten.

Der Experte für kompetenzorientierte Lernsysteme Werner Sauter (2016) führt an, dass derzeit 20 Prozent der gesamten Wertschöpfung in der Wirtschaft auf digitalen Geschäftsmodellen basiert und sagt voraus, dass dies in fünf Jahren 80 Prozent sein werden.

Ob seine Prognose eintreten wird, werden wir sehen, doch immer größere Datenmengen stehen zur Verfügung und werden durch Algorithmen ausgewertet. In intelligenten Fabriken kommunizieren Maschinen, Anlagen, Logistikeinheiten und Produkte miteinander und werden zu selbstgesteuerten Einheiten im Sinne von Industrie 4.0. Es entstehen intelligente Städte, Transportwege und Umweltsysteme. Weltumspannende soziale Netzwerke verändern das kulturelle, gesellschaftliche und politische Geschehen.

In plattformbasierten Unternehmen geht es nicht mehr darum, dass Produkte entstehen, die zu ihrer Kundschaft kommen müssen, sondern dass Ideen und Daten in Netzwerken kreiert und distribuiert werden. Digitale Abstinenz kann sich somit kein Unternehmen mehr leisten. Die Autoren Welpe et al. nennen daher die digitale Transformation einen strategischen Imperativ für Unternehmen (Welpe, 2018).

Wie gut ist Digitalisierung bereits in Organisationen angekommen?

Wie nicht anders zu erwarten, klaffen Anspruch und Wirklichkeit noch recht weit auseinander. Die hohe Bedeutung der Digitalisierung für die Unternehmensstrategie setzt digitale Kompetenzen in den Chefetagen und auch von Aufsichtsräten voraus. Dennoch sind die Mehrheit der Entscheider digitale Anfänger: Im Jahr 2016 waren es etwa 70 Prozent. So führen Kollmann & Schmidt (2016) aus, dass nur jeder dritte DAX-Konzern und nur jedes siebte MDAX-Unternehmen das Thema „Digitalisierung" in der Hand eines hochrangigen Managers (dem Chief Digital

Prognose: In fünf Jahren könnten 80% der Wertschöpfung auf digitalen Geschäftsmodellen basieren

Eine Kluft zwischen Anspruch und Wirklichkeit

Digitale Trends
werden erkannt,
aber es wird
noch nicht
hinreichend
darauf reagiert

Officer) bündeln würde. Jeder fünfte Manager würde zwar die digitalen Trends erkennen, das Unternehmen allerdings nicht danach ausrichten. Ähnliches beobachten derzeit auch andere Quellen. Das IT-Research und Beratungsunternehmen Crisp Research etwa befragte 503 Führungskräfte in Form einer Selbst- und Fremdeinschätzung. Danach konnten nur sieben Prozent als „Digital Leader" bezeichnet werden. Diese hätten sowohl Wissen über Digitalisierung als auch die Managementfähigkeiten, die notwendig seien, um dieses Wissen in Organisationen umzusetzen.

Eine Studie der Technischen Universität Darmstadt und der Unternehmensberatung Campana & Schott beschäftige sich mit der Frage, inwieweit bereits Social Collaboration Tools im Unternehmen angekommen sind. Es wurden 519 Mitarbeiter in unterschiedlichen Branchen und unterschiedlich großen Unternehmen im Zeitraum von 2015 bis 2016 untersucht. Ein Social-Collaboration-Reifegrad sollte dabei Auskunft geben über das Ausmaß, in dem entsprechende Tools genutzt werden – und über deren Auswirkung auf die Arbeitseffizienz. Es konnte ein signifikanter Zusammenhang zwischen dem Einsatz von Social Collaboration Tools und der Effizienzeinschätzung festgestellt werden. Mitarbeitende aus Organisationen mit hohem Social-Collaboration-Index bewerteten ihre Arbeitseffizienz um 58 Prozent höher. Der durchschnittliche Reifegrad in der Nutzung technologisch fortschrittlicher Kommunikation lag bei etwa 40 Prozent des erreichbaren Optimums. In 2018 wurden nochmals 1.418 Mitarbeitende befragt. Die Ergebnisse konnten erneut bestätigt werden. Hierzu zählte, dass der Einsatz von Social Collaboration Tools die Arbeitseffizienz von Mitarbeitenden steigert und insbesondere zur Förderung von Innovation und zum Wissensmanagement, zur hierarchie- und abteilungsübergreifenden Vernetzung beiträgt. Der Reifegrad wurde inzwischen etwas anders abgebildet, doch lag er immer noch gerade einmal etwas über 50 Prozent des Optimums. Den höchsten durchschnittlichen Reifegrad erlangte die IT-Branche, gefolgt von Chemie & Pharma und Kommunikation. Im Mittelfeld befanden sich Maschinenbau, Transport und Fahrzeugbau. Unterdurchschnittlich schnitt das Gesundheitswesen ab (Buxmann et al., 2018).

In ihrer Studie „Digital Leadership", bei der 325 Personen befragt wurden, stellten deren Betreiber fest, dass es eine große Diskrepanz gibt zwischen der Bedeutung, die dem Thema Digital Leadership sowohl von Mitarbeitenden als auch von KundInnen zugeschrieben wird, und dem Grad der Durchführung bzw. des Kompetenzaufbaus hierfür (Dick et al., 2016).

Agilität als Antwort auf sich ändernde Anforderungen?

Agilität geht mit digitaler Transformation einher. Sie gilt als die Fähigkeit einer Organisation, relevante Veränderungen im Umfeld zu antizipieren und darauf flexibel, aktiv und anpassungsfähig zu reagieren (Anderson et al., 2017). Im Agilitätsbarometer 2017 – einer Befragung von 1.812 Mitarbeitenden und 1.006 Führungskräften aus Unternehmen mit mehr als 100 Beschäftigten in den DACH-Staaten – wurde der Umgang mit sich ändernden Anforderungen als größte Herausforderung angesehen, und zwar sowohl von Führungskräften als auch von Mitarbeitenden. Bei Führungskräften folgten dann die Punkte Sicherung des Innovationsvorsprungs und Kostensenkung, bei Mitarbeitenden die Kostensenkung und der Fachkräftemangel. Bei beiden Gruppen konnten hoch signifikante Korrelationen festgestellt werden zwischen der Agilitätseinschätzung des eigenen Unternehmens und bestimmten Kennzeichen agiler Unternehmensführung, wie z.B. unterjährige Zielanpassung, Veränderungsfähigkeit der Strategie, Mitgestaltungsmöglichkeiten und Entscheidungsspielräume der Mitarbeitenden, Fehler- und Vertrauenskultur sowie Werte, die Agilität ermöglichen.

Sich ändernde Anforderungen werden als die größte Herausforderung unserer Zeit betrachtet

Mitarbeitende in agilen Unternehmen hatten eine geringere Neigung, das Unternehmen zu verlassen. Sie waren hoch engagiert und erbrachten Höchstleistungen aufgrund der Voraussetzungen, die in Tabelle 1 aufgeführt sind:

Voraussetzung für Mitarbeiterbindung	Prozent
Anerkennung ihrer Leistung	62
Gute Leistung wird finanziell belohnt	45
Eine als sinnvoll empfundene Aufgabe	41
Handlungsspielraum, Eigenverantwortung	39
Guter Führungsstil des Vorgesetzten	38
Herausfordernde Aufgaben	24
Mitbestimmung bei der Projektauswahl	18
Nicht hierarchische Organisationsstrukturen	12
Strategie-/Firmenfragen mitentscheiden	9

Tabelle 1: Voraussetzungen für Mitarbeiterbindung

Doch auch wenn hierarchische Führungsmodelle im Unterschied zu partizipativen oder agilen Führungsstilen mit einer geringeren Zufriedenheit und Produktivität der Mitarbeitenden einhergehen, sind sie noch am weitesten verbreitet, auch wenn sich die Führungskräfte selbst positiver einschätzen als sie von ihren Mitarbeitenden eingeschätzt werden, z.B. bezüglich der Schaffung eines offenen, vertrauensvollen Umfeldes, der Förderung der Selbstorganisation von Mitarbeitenden und des Einforderns von Feedback.

Agile Methoden, wie Scrum oder Design Thinking, nutzen aktuell übrigens nur 15 Prozent der Führungskräfte und nur 10 Prozent der Mitarbeitenden. Sofern sie bekannt sind und genutzt werden, wird ihnen jedoch ein positiver Einfluss auf die Effektivität und Effizienz der Organisation zugesprochen.

Die Relevanz des Themas ist ins Bewusstsein gerückt

Ein Gefühl für die hohe Relevanz des Themas hat sich also bereits eingestellt. Im Agilitätsbarometer heißt es: „Nur mit Kulturarbeit, einer Neuausrichtung der Führung, neuen Methoden und neuen Kompetenzen lassen sich grundlegende Veränderungen erfolgreich umsetzen." Doch in der Umsetzung befindet man sich erst auf dem Weg.

1.3 Risiken der Digitalisierung

Die digitale Transformation birgt zahlreiche Chancen für jeden von uns. Dennoch dürfen wir nicht aus dem Blick verlieren, wie all die herausfordernden Möglichkeiten, die mit zunehmender Digitalisierung sinnvoll genutzt werden können, ebenfalls Gefahren mit sich bringen. Noch weniger dürfen wir sie Wirklichkeit werden lassen. Niemand möchte sich durch gezielte Zuteilung von Informationen entmündigen lassen oder die eigenen Entscheidungen und Denkfähigkeiten, wie etwa Kaufentscheidungen, politische Gesinnung durch Wissenszuteilung und Verhaltenssteuerung manipulieren lassen.

Die Sensibilisierung für diese Themen und der notwendige gesellschaftliche Diskurs fordern politische Entscheidungen, gesetzliche Regelungen und ethische Überlegungen, und zwar sowohl bei der Steuerung von Organisationen als auch bei der individuellen Lebensgestaltung. Dieser Forderung stehen gewöhnlich wirtschaftliche Interessen entgegen, etwa die von Netzkonzernen.

In der persönlichen Lebens- und Arbeitsgestaltung gibt es viele Menschen, die ihre Unlust und ihre schlechten Erfahrungen mit der Digitalisierung artikulieren. Sie klagen beispielsweise über die ständige Verfügbarkeit, abnehmende Verbindlichkeit, Schlappheit und Müdigkeit durch Bildschirmarbeit, über die Verbreitung von redundanten oder falschen Informationen und insgesamt die Informationsflut. Die Motivation nimmt ab, die Anonymisierung nimmt zu, es herrscht Unsicherheit über Datenschutz und die Notwendigkeit der Kommunikation bei gleichzeitiger Reduktion von Wahrnehmungskanälen. Führungskräfte müssen sich, ebenso wie TrainerInnen und Coachs, die Frage gefallen lassen, ob denn eine emphatische, wertschätzende Beziehungsgestaltung online überhaupt möglich sei, wenn man dem Gegenüber nicht unmittelbar mit allen Wahrnehmungskanälen begegnen könne.

Schlechte Erfahrungen mit Digitalisierung

Die Digitalisierung der Arbeitswelt geht mit vielen Ambivalenzen einher. Einerseits können wir unsere Handlungsspielräume flexibel und selbstorganisiert gestalten, andererseits kann gerade dies zu Überforderungssyndromen führen. Heikel wird es besonders dann, wenn Digitalisierung eine Weiterentwicklung bürokratischer Systeme darstellt. Immerhin ist über intelligente Software die Steuerung und Kontrolle von Prozessschritten in einer Form möglich, dass jede Abweichung sofort erkannt werden kann. Transparenz kann somit mit Leistungskontrolle Hand in Hand gehen.

Ambivalenzen

Der Grad der Mitbestimmung wird zum Thema: Mit zunehmender Partizipation kann gleichzeitig ein Rückzug der Führung einhergehen. Den Mitarbeitenden wird plötzlich Verantwortung zugeschrieben, die diese nicht wirklich tragen können oder wollen. Ein weiterer Effekt: Assistenzsysteme können kleinteilige Prozessschritte vorgeben, wodurch der Mitarbeitende immer geringeren Handlungsspielraum erhält. Am Ende droht gar der Jobverlust: Durch die Möglichkeit der Optimierung von Prozessen stellt sich für manche Mitarbeitenden die Frage, ob die eigene Arbeit überflüssig wird und wie schutzlos man der Digitalisierung ausgeliefert ist. Hinzu kommt, dass Mitarbeitende unterschiedliche Voraussetzungen in digitalen Fertigkeiten haben. Für einige wird sich die Frage stellen, ob ihre Gewohnheiten oder Kompetenzen ausreichen, um künftig mitzukommen.

Der Preis der Mitbestimmung

Wenn über Abteilungsgrenzen und definierte Schnittstellen selbstorganisiert hinweg zusammengearbeitet wird, findet eine Ablösung von bewährten Rollenvorstellungen, Standards und Routinen statt. Damit entwickeln sich neue Rollenidentitäten, Entscheidungsbefugnisse und

Priorisierungsmacht. Führung entsteht durch Akzeptanz, möglicherweise in sozialen Netzwerken, nicht durch hierarchische Definition, was die Orientierung verändert und Herausforderungen für die Rollenklärungen darstellt.

Ambivalenzen

Gemischte Gefühle

Die Ambivalenzen der Digitalisierung äußern sich in folgenden Polen:

- Verfügbarkeit von Information – Redundanz, Informationsflut
- Partizipation – Rückzug der Führung
- Flexibles, selbstorganisiertes Gestalten – Überforderungssyndrome
- Transparenz – Steuerung und Kontrolle von kleinteiligen Prozessschritten und Leistung über intelligente Software
- Optimierung von Prozessen – Angst, als MitarbeiterIn überflüssig zu werden
- Führung von unten – Unklarheit über Orientierung, Entscheidung und Rollen
- Digitalisierung als machtvolle Vorgabe, Paradigmenwechsel und Revolution der Arbeitswelt – Angst vor Versagen, da Kompetenzen fehlen
- Verfügbarkeit persönlicher/privater und beruflicher Daten auf dem gleichen PC – Schutz vor Einsichtsgewinnung durch ArbeitgeberIn

Diese Ambivalenzen sind in eine hohe Unsicherheit über politische Rahmensetzungen und zukünftige gesellschaftliche Entwicklungen eingebettet.

Hinzu kommt, dass Führungskräfte aktuell bereits in teilweise digitalisierten Umgebungen agieren müssen, allerdings noch kaum die Möglichkeit haben, diejenige Kompetenzen zu erwerben, die den Ansprüchen an Digital Leadership gerecht werden. Im Führungsalltag heißt dies, dass zwar technische Möglichkeiten zur Kommunikation genutzt werden, aber das Wissen, das z.B. aus der Medien- und Kommunikationspsychologie und der Forschung zu Online-Beratung und Online-Coaching stammt, noch wenig umgesetzt wird, um die Besonderheiten der Online-Kommunikation, der medial vermittelten konstruktiven, wertschätzenden Beziehungsgestaltung und den Einsatz der hierfür hilfreichen Tools zu erlernen.

Um diesen Kompetenzaufbau gezielt vornehmen zu können, ist es wichtig, die Anforderungen an Digital Leadership zu spezifizieren (s. Kapitel 2) und auch einem Führungskonzept zuzuordnen, das den aktuellen Entwicklungen Rechnung trägt (s. Kapitel 3).

2 Anforderungen an Digital Leadership

> „Unternehmen sind emotionale Arenen, in denen unterschiedliche individu-
> elle und kollektive Emotionen entstehen und aufeinandertreffen."
> (Bruch & Vogel, 2009)

Die Ausübung von Digital Leadership findet in einem organisationalen Kontext statt. In einem digitalen Führungskontext stellen sich sowohl organisatorische Anforderungen als auch persönliche Anforderungen an die Führungskraft selbst. Aus diesen Anforderungen lässt sich das notwendige „Mindset" für Digital Leadership ableiten.

2.1 Anforderungen an die Organisation

Wie müssen sich Arbeit, Führung und Organisationen durch die digitale Transformation verändern, damit Chancen genutzt und Mitarbeitende auf diesem Weg unterstützt werden können? Um diese Kernfrage drehte sich das Forschungsprojekt „Digital Work Design – Turning Risks into Chances", vorgestellt in einer Studie von Welpe et al. (2018). In einem mehrstufigen Untersuchungsaufbau extrahierten sie fünf essenzielle Anforderungen für eine gelingende digitale Transformation:

Die „Big Five" der Anforderungen

- ▶ Umgang mit der VUCA-Welt als Kernkompetenz
- ▶ Entwicklung (neuer Arten von) Teamarbeit
- ▶ Demokratisierung der Organisation

> ▶ Beziehungsmanagement über alle Ebenen hinweg
> ▶ Aufmerksamkeitsfokus auf Gesundheit

Diese „Big Five" rücken nun in den Fokus, ergänzt um einen sechsten Punkt, der Agilität als Anforderung an digitale Vorgehensweisen beschreibt.

1. Umgang mit der VUCA-Welt als Kernkompetenz

Als zentrale Anforderung an Führung zählen Welpe et al. den Umgang mit der VUCA-Welt, eine Abkürzung für die folgenden Begriffe:

> ▶ *Volatilität* (Geschwindigkeit und Stärke von Veränderungen, die mit Instabilität und Turbulenz einhergehen)
> ▶ *Unsicherheit* (das Fehlen von Informationen und Unplanbarkeit bzw. Kontrolle von Ereignissen)
> ▶ *Komplexität* (gleichzeitige und teilweise verschachtelte Prozesse und Informationen)
> ▶ *Ambiguität* (Unklarheiten z.B. über Rollen, Aufgaben, Entscheidungsbefugnisse usw.)

VUCA

Während unter stabilen Bedingungen formale Organisationsstrukturen mit hoher Spezialisierung, klaren Hierarchien, Strukturen und Entscheidungsbefugnissen eine hohe Effizienz ermöglichen, brauchen unklare und komplexe Bedingungen eher organische Strukturen mit hoher Flexibilität und Anpassungsfähigkeit. Es wird versucht, eine angemessene Balance zwischen den beiden Polen Flexibilität, Innovation und Adaptation auf der einen Seite und Stabilität, Struktur und Effektivität auf der anderen Seite herzustellen. Dieser Versuch wird als Ambidextrie (Beidhändigkeit) bezeichnet. Dies illustriert Abb. 2.

Ambidextrie: Balance zwischen Flexibilität und Stabilität

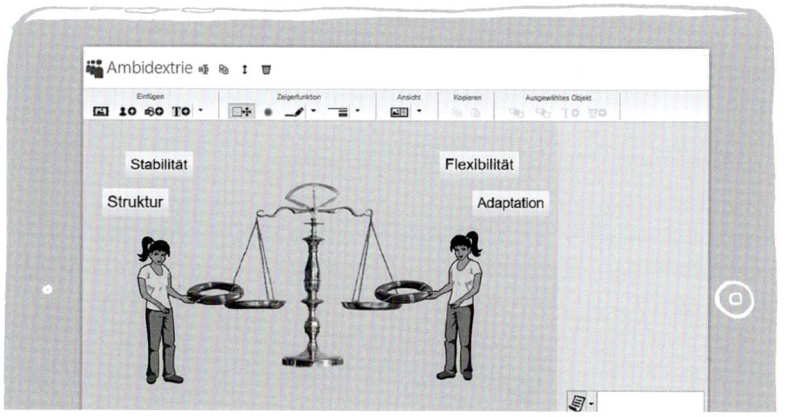

Abb. 2: Ambidextrie
(©CAI GmbH)

Bei der strukturellen Ambidextrie werden die beiden Pole unterschiedlichen Organisationseinheiten übertragen. Bei der kontextuellen Ambidextrie wird versucht, beides gleichzeitig in den gleichen Organisationseinheiten zu verwirklichen.

Um dies zu erreichen, wird versucht, ein hohes Leistungsmanagement mit einem förderlichen sozialen Klima zu kombinieren. Das bedeutet, dass herausfordernde Ziele gesetzt werden, für welche die Mitarbeitenden selbst verantwortlich sind. Dies soll unter anderem einen Beitrag für die Entwicklung der Mitarbeitenden leisten. Führungskräfte müssen dabei entscheiden, wann sie Mitarbeitende wie einsetzen, informieren und beteiligen und wann eben nicht. Sie regulieren damit die Datenflut und steuern Über- und Unterforderung. Hierfür ist auch Simplifizierung wichtig, sich z.B. auf Kernbereiche zu fokussieren und unnötigen „Ballast" abzuschaffen.

Führungskräfte verabschieden sich vom Mikromanagement

Eine weitere typische Herangehensweise ist es, Prozesse zu formalisieren, während Rollen und Funktionen frei definierbar bleiben. Zur Verringerung von Unsicherheit ist es wichtig, die Organisationsziele klar zu kommunizieren, Mitarbeitenden aber möglichst viel Gestaltungsraum bei der Umsetzung zu gewähren, d.h., Führungskräfte verabschieden sich vom Mikromanagement. Sie verzichten auf kleinteilige operative Tätigkeiten, die in die Aufgaben der Mitarbeitenden eingreifen.

Von Organisationen wird der Mut zum Experimentieren gefordert, d.h., sie werden ermutigt, möglichst schnell mit Prototypen auf den Markt zu gehen, um die Kundenperspektive einzuholen. Dies muss mit der Bereitschaft zu Fehlschlägen verbunden sein sowie mit der Bereitschaft, Prototypen, die sich nicht bewähren, auch schnell wieder loszulassen. Damit wird die lernende Organisation unterstützt, die Fehleroffenheit braucht. Feedback, Reflexion, erfahrungsbasiertes Lernen, zufallsbasierte Entdeckungen und Lernen durch gezielten Kompetenzaufbau sind dafür genauso unerlässlich wie das Vorbildverhalten der Führungskraft in den Themen Lernwilligkeit und Fehlerkultur.

2. Entwicklung (neuer Arten von) Teamarbeit

Disruptive Entwicklungen

Disruption steht für den Umbruch als grundlegende neue Entwicklung von Produkten oder von völlig neuen Geschäftsmodellen (Bull, 2018). Nicht selten wird Disruption heutzutage durch Digitalisierung verursacht.

Auch die Teamarbeit entwickelt sich disruptiv. In ihr findet eine grenz- und barriereübergreifende Interaktion über Hierarchien, Abteilungen und Disziplinen hinweg mit passenden Medien statt. Es entstehen diverse und verteilte Teams, die eine Vertrauenskultur aufbauen, in welcher Ideen und Menschen offen, wertfrei und wertschätzend angenommen werden. Die Führungskraft hält sich mit Ideen zurück und fördert den Austausch der anderen. Sie bietet verschiedene Formate für den Austausch wie etwa Netzwerke, Projekte, Schwarm und stellt hierfür Kommunikationstechnologien zur Verfügung.

3. Demokratisierung der Organisation

Mitarbeitende werden entwickelt und ermutigt, Verantwortung zu übernehmen und Initiative zu zeigen. Es findet Empowerment statt, indem ein Fokus auf die Stärken gelegt wird. Feedback und klare Regeln ermöglichen Autonomie, Selbstorganisation und Selbstführung der Teams.
Partizipation

Partizipation wird verwirklicht, indem Mitarbeitende in transparente Entscheidungsfindungsprozesse einbezogen werden. Informationen werden geteilt und Initiativen belohnt.

4. Beziehungsmanagement über alle Ebenen hinweg

Beziehungsgestaltung ist das erforderliche Treibmittel für den Aufbau und die Pflege von Netzwerken. Eine wertschätzende Beziehungsgestaltung wird durch Respekt, Empathie, Vertrauen und Anerkennung von Personen und Leistungen verwirklicht sowie durch einen fürsorglichen Umgang miteinander. Energie entsteht durch Begeisterung und Anerkennung. Personen und Teams werden über gemeinsame Ziele miteinander vernetzt.

5. Aufmerksamkeitsfokus auf Gesundheit

Zur Stärkung der Resilienz von Einzelpersonen und Organisation braucht es eine Balance von Herausforderungen in den verschiedenen Lebensbereichen. Die Arbeitsgestaltung sollte mit Abwechslung und Pausen einhergehen. Erholungsphasen wird ein hoher Stellenwert eingeräumt. Ressourcen werden aufgebaut und entwickelt, auch zum Stressmanagement und zur Selbststeuerung.
Resilienz

6. Agile Vorgehensweisen

Der Unternehmensberater Siegfried Kaltenecker (2017) weist darauf hin, dass die strikte Kundenorientierung, schlanke Aufbauorganisationen, mutige Verbesserungs- und Innovationsexperimente, kurze Feedback-

Schleifen und die transparente Steuerung der Abläufe wesentliche Entwicklungsschritte auf dem agilen Weg sind, genauso wie Responsivität. Damit ist die Fähigkeit gemeint, sich schnell auf neue Herausforderungen einstellen zu können.

Das Agile Manifest

Noch konkreter wird es im „Agilen Manifest". Dort werden folgende Kriterien agiler Vorgehensweisen definiert (http://scrum-master.de/Scrum-Glossar/Agiles_Manifest, eingesehen am 21.02.2019):

- Individuen und Interaktionen haben Vorrang vor Prozessen und Werkzeugen
- Funktionsfähige Produkte haben Vorrang vor ausgedehnter Dokumentation
- Zusammenarbeit mit dem Kunden hat Vorrang vor Vertragsverhandlungen
- Das Eingehen auf Veränderung hat Vorrang vor strikter Planverfolgung

Im Unterschied zur klassischen Projektstruktur mit standardisierten Vorgehensweisen, Rollen, Aufgaben, Prozessphasen, Meilensteinen und Zeitfenstern zeichnet sich die agile Projektkultur durch Selbstorganisation der Teams und Integration der Kunden in ein Projekt aus, ebenso wie durch den Verzicht auf Standards, Transparenz und Kooperation, Schnelligkeit und Flexibilität beim Reagieren auf Veränderungen, außerdem Wissenstransfer, Eigeninitiative und Verantwortung, frühzeitige und regelmäßige Messung der Zielerreichung, dynamische Anpassung von Plänen und Teamentwicklung. Regeln sind nicht fest, sondern passen sich den kontinuierlichen Veränderungen an (Hilmer & Krieg, 2016).

Was bedeutet das für die organisatorischen Anforderungen an Digital Leadership?

Rahmen-bedingungen

Bei den Rahmenbedingungen zur Entwicklung von Digital Leadership ergab sich in einer Studie von Dick et al. aus dem Jahr 2016 die folgende Reihenfolge:

1. Rückendeckung von Vorstand und Inhabern
2. Veränderung der Unternehmenskultur
3. Aufbau neuer IT-Systeme
4. Aufbau neuer Strukturen und Prozesse
5. Beteiligung der Mitarbeitenden
6. Formulierung einer zukunftsorientierten Mission
7. Interne Nutzung von sozialen Medien

Auch wenn sich alle weitgehend darin einig sind, dass der Kompetenzaufbau hierfür nötig ist, werden jedoch kaum Schulungen hierfür geplant bzw. es wird noch wenig an einheitlichen Führungsprinzipien für
Digital Leadership gearbeitet. Etwas weiter ist die Automobilindustrie,
die unter hohem Wettbewerbsdruck steht (Dick et al., 2016).

Die Autoren ergänzten ihre Studie durch ein Expertengespräch mit
Frank Kohl-Boas, dem Head of HR Northwest, Central & Eastern Europe
bei Google: *„Die Rückendeckung von Unternehmensleitung und Inhabern ist entscheidend. Die Entscheider müssen nicht alles selbst im
Detail durchdringen oder ausprobieren, sie sollten viel mehr als bisher
zulassen. Dieser ‚freudige Kontrollverlust' gilt für alle Führungskräfte
und wird von ganz oben vorgelebt. Eine Führungskraft stellt heute die
richtigen Fragen und nutzt für die Antworten die kollektive Intelligenz
der Organisation. Es geht um adaptive Herausforderungen, für die man
Szenarien entwickeln muss, statt mit einer erfahrungsbasierten Entscheidung reagieren zu wollen."*

Eine Selbst-
einschätzung
„Persönliche
Standort-
bestimmung
zu aktuellen
Heraus-
forderungen von
Organisationen"
finden Sie in
den Download-
Ressourcen

Für die Umsetzung der organisationalen Anforderungen sind Füh-
rungskräfte aller Ebenen verantwortlich. Die sich daraus ergebenden
Anforderungen an die Führungskräfte selbst wollen wir im folgenden
Abschnitt mit weiteren Ergebnissen aus Befragungen unterschiedlicher
AutorInnen konkretisieren.

2.2 Anforderungen an Führungskräfte

Welche Anforderungen kommen auf die Führungskräfte zu? Schaut
man sich die Ergebnisse jüngerer Marktbefragungen an, ergibt sich ein
facettenreiches Bild, doch im Grunde weisen alle Ergebnisse trotz unterschiedlicher Fragestellungen in eine gemeinsame Richtung:

Mit Komplexität umgehen können

In 2016 führte die Zeitschrift managerSeminare eine Leserumfrage zur
Frage „Welche Fähigkeiten braucht ein Digital Leader?" durch. Die 54
LeserInnen formulierten folgende Rangreihe der Top 5 aus 10 Antwort-
möglichkeiten:

Top 5 der Fähigkeiten des Digital Leaders	Prozent
Mit Komplexität umgehen	54
Mit flachen Hierarchien, New Work und Arbeiten 4.0 umgehen	46
Hybride Arbeitskulturen gestalten, die On- und Offline-Welt verbinden	44
Virtuelle Teams steuern	37
Mit disruptivem Wandel umgehen	30

Tabelle 2: Fähigkeiten eines Digital Leaders aus einer Umfrage von managerSeminare (2016)

Kommunikative Fähigkeiten ausbauen

Ein weiterer Blickwinkel: Die Führungskräfte Institut GmbH befragte Fach- und Führungskräfte der privaten Wirtschaft im Auftrag der Führungskräftevereinigung ULA. An der 2016 veröffentlichten Befragung „Arbeiten 4.0 – Führen 4.0" nahmen 450 Personen teil. Die Ergebnisse bestätigen, dass drei Viertel der Befragten in der Digitalisierung und in Industrie 4.0 die größten Herausforderungen der deutschen Wirtschaft sehen, wobei die Digitalisierung als Motor einer dauerhaft stattfindenden und beschleunigten Veränderung betrachtet wird. Hier die Spitzenreiter (über 50%) der Anforderung an Führungskräfte.

Anforderungen an Führungskräfte
Kommunikative Fähigkeiten
Englischkenntnisse
Verantwortungsbereitschaft
Coaching-Fähigkeiten zur Förderung von Mitarbeitenden
Soziale Kompetenz, Einfühlungsvermögen
Kreativität, Offenheit für neue Ansätze
Souveräner Umgang mit Unsicherheit
Datenanalytische Fähigkeiten
Strategischer Weitblick, prognostische Fähigkeiten

Tabelle 3: Anforderungen an Führungskräfte aus einer Umfrage von Manager Monitor, 2016

Intrinsische Bindungsfaktoren stärken

Ein anderes, ebenfalls gut ins Bild passendes Ergebnis bezog sich auf die Erwartungshaltung der Befragten (ca. 80 Prozent), dass Führungskräfte freiwillig und unfreiwillig häufig ihren Arbeitgeber wechseln werden. Daher wurde dem Thema Bindung besondere Aufmerksamkeit gewidmet. Hier zeigte sich, dass intrinsische Bindungsfaktoren dominierten. Der einzige materielle Faktor, der bei den fünf wichtigsten Bindungsfaktoren genannt wurde, war die betriebliche Altersversorgung (Manager Monitor, 2016). In Tabelle 4 sind die priorisierten Bindungsfaktoren in intrinsische und extrinsische Faktoren unterteilt.

Intrinsische Faktoren	Extrinsische Faktoren
Wertschätzendes Arbeitsklima	Betriebliche Altersversorgung
Flexibilität der Arbeitszeiten	
Abwechslungsreiche Aufgaben	
Herausfordernde Aufgaben	

Tabelle 4: Intrinsische und extrinsische Faktoren der Mitarbeiterbindung aus einer Umfrage von Manager Monitor, 2016

Offene Kommunikation und Vernetzung

In der Studie „Digital Leadership" von van Dick et al. (2016) wurden bei den relevanten individuellen Fähigkeiten von Führungskräften im Sinne von Digital Leadership die Veränderung der eigenen Führungskommunikation und die stärkere Vernetzung mit Mitarbeitenden als wichtigste Aspekte genannt. Gleichzeitig weisen die Autoren darauf hin, dass die Führungskräfte erhebliche Defizite bei den eigenen Kompetenzen wahrgenommen haben.

Führung erfordert eine stärkere Vernetzung

Petry stellte in einer weiteren Studie fest, dass die Erwartungen an Führungskräfte in Zeiten der Digitalisierung und die festgestellten Führungsmängel weit auseinanderdriften (Petry, 2016). In Tabelle 5 ist die Rangreihe aufgeführt, die in der Studie von Petry festgestellt wurde. Sie dokumentiert die hohe Spreizung zwischen Anspruch und aktueller Wirklichkeit:

Erwartungen an Führungskräfte	Mängel bei Führungskräften
1. Offene Kommunikation	1. Offene Kommunikation
2. Regelmäßiges offenes Feedback	2. Sicherer Umgang mit sozialen Medien
3. Fördern der Selbststeuerung	3. Regelmäßiges offenes Feedback
4. Offenheit für Kritik	4. Transparenz
5. Authentizität	5. Offenheit für Kritik

Tabelle 5: Erwartungen an Führungskräfte und festgestellte Mängel in einer Studie von Petry, 2016.

Vertrauen, partizipative Orientierung, fairen Umgang leben

Die Bereitschaft, zu vertrauen

Konradt & Hertel (2002) definierten bereits vor knapp 20 Jahren folgende Anforderungen an TeamleiterInnen von virtuellen Teams:

- Niedriges Kontrollbedürfnis bzw. hohe Vertrauensbereitschaft in Mitarbeitende
- Hohe partizipative Orientierung, um Mitarbeitende ausreichend motivieren zu können
- Fairness und Integrität, um Vertrauen aufzubauen und Mitarbeitende zu binden
- Sensibilität für die Bedürfnisse der Mitarbeitenden und für das Teamklima, was umso wichtiger ist, je reduzierter die Kommunikation ausfällt
- Medienkompetenz (welches Medium für welchen Anlass)
- Entwicklung anspruchsvoller, aber realistischer Ziele
- Konstruktives Feedback, welches auch auf Entfernung gegeben wird
- Eine motivierende Vision, welche entwickelt, kommuniziert und aufrechterhalten wird
- Kenntnisse über die Entwicklungsphasen von Teams und entsprechende Anpassung des eigenen Verhaltens
- Toleranz und Sensibilität gegenüber kulturellen Unterschieden und Kompetenzen interkulturell zu vermitteln

Vorbild sein über gelebte Visionen und Werte

Diese Anforderungen haben noch heute Gültigkeit. Sie passen zu den Ergebnissen einer Befragung unter 400 Führungskräften von Schomburg, Sobieraj & Kruse (2016). Die Autoren untersuchten die unbewussten Wertvorstellungen, die das Führungshandeln in Deutschland bestimmen. Mit dem Verfahren „Nextexpertizer" wurden zu kulturellen Musterbildungen qualitative und quantitative Aussagen getroffen. „Gute Führung" kann man laut dieser Studie folgendermaßen kennzeichnen:

▶ Fähigkeit, mit ergebnisoffenen Prozessen umzugehen – Orientierung in Instabilität über Vision und Werte zur Identitätsbildung
▶ Vorbildfunktion der Führung in Authentizität, Verantwortungsübernahme, Kompetenz
▶ Kreative Anpassung an sich schnell ändernde Marktbedingungen
▶ Transparenz von Information
▶ Integration unterschiedlicher Lebensentwürfe
▶ Empathischer Umgang mit Mitarbeitenden
▶ Empowerment von Mitarbeitenden
▶ Coaching als ein Element guter Führung
▶ Motivation über Wertschätzung, Selbstbestimmung und Sinnhaftigkeit
▶ Förderung übergreifender Kooperation und von selbstorganisierenden Netzwerken
▶ Kanalisierung wachsender Eigendynamik und Synchronisierung von Aktivitäten
▶ Strategisches, auf Kennzahlen basiertes Vorgehen zur Erhöhung der Effizienz der Organisation
▶ Erhöhung der Resilienz von Personen und Organisationen im Umgang mit Veränderungen

Die Autoren ersetzen die „drei Ps" (Persönlichkeit, Planung und Profitmaximierung) durch „drei Is", (Information, Iteration und Integration). Diese Kriterien an gute Führung sind erstaunlich nah dran an den Erwartungen, die auch jüngere Mitarbeitende an ihre Vorgesetzten ausdrücken, wie die „Global Workplace Expectations"-Studie von Millenial Branding & Randstad U.S. belegt (zitiert nach Ciesielski & Schutz, 2016). Dort wurden VertreterInnen der Generation Y und Z unter anderem zu ihren Erwartungen an die Qualitäten einer Führungskraft befragt. Die Top 3 lauten:

Information, Iteration und Integration

1. Ehrlichkeit, Aufrichtigkeit
2. Solide Vision
3. Gute Kommunikationsfähigkeit

Anforderungen ans Selbstmanagement

Die Anforderungen an die Kompetenzen einer Führungskraft scheinen sich also nicht durch das Alter der Mitarbeitenden zu unterscheiden. Doch wie sieht es im öffentlichen Dienst aus? Tickt man dort vielleicht anders?

Selbstmanagement gilt als besonders entwicklungsbedürftig

In einer Befragung auf der Grundlage des Kompetenzmodells von Erpenbeck & Heyse aus dem Jahre 2018 unter Führungskräften in der Kommunalverwaltung auf unterschiedlichen Hierarchiestufen wurde ermittelt, welche Kompetenzen die Führungskräfte gegenwärtig und zukünftig für die Bewältigung der anstehenden Herausforderungen als wichtig erachten. An erster Stelle rangierten dort personale Kompetenzen und die Aktivitätskompetenzen. Im Bereich personale Kompetenzen war es insbesondere die Teilkompetenz Selbstmanagement, welche als besonders entwicklungsbedürftig eingestuft wurde, gefolgt von Delegieren und Sprachgewandtheit. Am wenigsten wichtig waren die konkreten Fachkompetenzen und in der Dimension Fachkompetenz waren es die steuernden Kompetenzen wie Organisationsfähigkeit und Projektmanagement, welche eine Rolle spielten.

Ein ähnliches Bild zeigte sich bei der Frage, welche Kompetenzen bereits jetzt für die Erfüllung der Führungsaufgabe besonders wichtig seien. Personale Kompetenzen, gefolgt von Aktivitätskompetenzen und soziale Kompetenzen stellten auch hier die markierte Reihenfolge dar. Die besonders hervorgehobenen, wichtigen Teilkompetenzen waren Kommunikationsfähigkeit, ganzheitliches Denken, Eigenverantwortung, Entscheidungsfähigkeit, Belastbarkeit und Konfliktlösefähigkeit. Es fällt auf, dass es sich um Kompetenzen handelt, die besonders gut mit der Inanspruchnahme von Coaching bzw. dem Erwerb von Coaching-Fähigkeiten durch die Führungskraft entwickelt werden können (Michael, 2018).

Wettbewerbsvorteil: Kollektives Vertrauen in die eigene Selbstwirksamkeit

Bruch & Vogel (2009) weisen darauf hin, dass sich Organisationen stark darin unterscheiden, ob ein starkes Vertrauen der Beschäftigten in die eigenen Fähigkeiten vorherrscht oder nicht. Diese kollektive Selbstwirksamkeitsüberzeugung ist ansteckend und führt dazu, auch sehr ambitionierte Ziele zu erreichen.

Die Verwirklichung dieser Anforderungen geht mit einem bestimmten „Mindset" von Führung einher, welches eine neue Kultur der Zusammenarbeit ermöglicht. Bei der digitalen Transformation handelt es sich um eine Kulturveränderung der gesamten Organisation. Somit sind die Werte, Überzeugungen, Erwartungen und Normen davon betroffen, die sich in Ritualen, Symbolen, Regeln, Vorgehensweisen und Denkmustern widerspiegeln.

2.3 Kennzeichen von Digital Leadership – das Mindset

Eine Kultur, die Digital Leadership verwirklicht, lässt sich über Kennzeichen beschreiben, welche die genannten Anforderungen berücksichtigen. Sie sind in Tabelle 6 dargestellt.

Anforderungen an Führungskräfte
Ein partizipativer Austausch wird schneller, gleichberechtigter, auch offener (insbesondere, wenn er auch anonym möglich ist) und kann viele Personen beteiligen
Starre Hierarchien werden abgelöst durch Flexibilität und Vernetzung auf Augenhöhe über Hierarchien und Abteilungsgrenzen hinweg
Die Einflussnahme geschieht nicht über die hierarchische Funktion, sondern über Beziehungsmanagement in Netzwerkstrukturen
Statt Wissensvorsprung wird Wissensmanagement und geteiltes Wissen bevorzugt
Statt Lösungsvorgabe findet Moderation von Lösungsfindungsprozessen statt
In Prozessen wird eine hohe Transparenz durch Offenlegung von Informationen hergestellt
Es finden schnelle Abstimmungs- und Entscheidungsprozesse statt, auch auf niedriger Hierarchiestufe, denn hierarchische Systeme mit Kontrollschleifen können den digitalen Geschwindigkeitsanspruch nicht befriedigen
Entscheidungsunsicherheit und Fehlertoleranz gehören zum digitalen Alltag
Die Mitarbeitenden können in definierten Freiräumen selbstständig gestalten
Statt über Kontrolle wird über Motivation durch Involvierung, Selbstbestimmung und Sinnstiftung bzw. Vertrauensbildung geführt
Führungskräfte begleiten Mitarbeitende in ihrer persönlichen Weiterentwicklung

Tabelle 6: Kennzeichen von Digital Leadership

Dieses „Mindset" von Führung leistet einerseits einen Beitrag zur Humanisierung der Arbeitswelt, kann aber auch negative Ausprägungen haben. Um diese zu vermeiden, lohnt sich ein Sprung zurück ins Kapitel

1.3 und den dort dargestellten Ambivalenzen (Seite 20). Denn daraus ergeben sich weitere Kennzeichen, die in Tabelle 7 fortgeführt werden:

Weitere Kennzeichen von Digital Leadership
Für den Umgang mit Informationsflut und damit für die Reduktion von Komplexität wird Dokumentenmanagement durch Wissensmanagement abgelöst und es werden Spielregeln zum Umgang mit Informationen und zur Kommunikation festgelegt
Zur Reduktion von Unklarheit und Unsicherheit bietet eine präsente Führung den klaren Orientierungsrahmen über Ziele, Aufgaben, Rollen und Entscheidungsbefugnisse, innerhalb deren Selbstorganisation stattfinden kann und soll
Um Überforderung durch den hohen Anspruch an Flexibilität und Selbstgestaltung zu vermeiden, wird auf eine gesundheitsorientierte Führung und Kompetenzentwicklung geachtet
Führungskräfte verzichten auf Mikromanagement und ermöglichen Selbststeuerung
Um Versagensängste einzudämmen, werden Mitarbeitende befähigt, mit Medien und Daten, Online-Prozessen und Online-Tools, mit agilem Management und Coaching kompetent umzugehen

Tabelle 7: Weitere Kennzeichen von Digital Leadership

Es stellt sich nun die Frage, welche Führungsmodelle diese Anforderungen eigentlich abbilden. Hierzu findet sich im folgenden Kapitel ein Überblick über Führungstheorien, die in einem Führungsmodell von Digital Leadership münden.

3 Führungstheorien

> Ein Bote des Teufels kam von einem Besuch bei den Menschen zurück und berichtete dem Teufel: „Luzifer, bei den Menschen ist eine gute Idee entwickelt worden, die den Menschen Heilung und Glück bringen kann. Wir müssen etwas unternehmen. Was soll ich tun?" Da antwortete Luzifer: „Sorge dafür, dass die Idee organisiert wird!"
> (Mohr, 2015)

Digital Leadership, also Führen über Medien, ist eine neuzeitliche Anforderung an Führungskräfte. Dennoch fällt Digital Leadership nicht einfach so vom Himmel bzw. den Führungskräften zu. Dieses Führungskonzept ist eingebettet in vorhandene Führungsmodelle und integriert einige davon auf eine zielführende Art und Weise. Um diese Einbindung zu verstehen, sollen im Folgenden zunächst der Führungsbegriff und die Funktionsbereiche der Führung kurz reflektiert werden. Danach wird die historische Entwicklung von Führungskonzepten bis hin zu neuzeitlichen Führungsvorstellungen skizziert. Diese Modelle werden in Kapitel 4 wieder aufgegriffen, indem der Bezug zu Digital Leadership hergestellt wird.

3.1 Führungsverständnis

Andere in Bewegung setzen

Führen heißt laut etymologischem Wörterbuch „leiten, geleiten, lenken, steuern ... tragen, fahren, herbeibringen ... in Bewegung setzen, treiben, fortschaffen, leiten, bringen, ausführen, besitzen ..." (https://www.dwds.de/wb/F%C3%BChrung, eingesehen am 04.02.2019). Führen hat also viel mit Bewegen zu tun bzw. mit „Andere in Bewegung setzen".

In der Fachliteratur wird der Führungsbegriff unterschiedlich gebraucht und abgegrenzt.

Unternehmensführung bezieht sich auf die Gestaltung und Lenkung von Prozessen und Strukturen zur Steuerung von Organisationen. Hierzu gehören Managementfunktionen, wenn es um die strategische Ausrichtung der Organisation und die Steuerung und Koordination von operativen Aufgaben geht.

Führung als **Personalführung** bezieht sich einerseits auf ein interaktives Geschehen und wird häufig als Leadership bezeichnet. Zum anderen gehört zur Personalführung auch die Gestaltung des Kontextes, z.B. der Kultur, von Anreizsystemen, Regeln und von Rahmenbedingungen der Arbeit.

Der Organisations- und Wirtschaftspsychologe Lutz von Rosenstiel definiert Führung als zielorientierte Einflussnahme auf Menschen, die in Organisationen durch Strukturen und Personen ausgeübt wird: *„Personale Führung lässt sich als unmittelbare, absichtliche und zielbezogene Einflussnahme von bestimmten Personen (Vorgesetzte) auf andere (Untergebene) mithilfe der Kommunikationsmittel bestimmen"* (von Rosenstiel, 2006).

Zielorientierte Einflussnahme

Wenn als Kommunikationsmittel Medien eingesetzt werden, spricht der OE-Spezialist R. Müller (2008) von E-Leadership: *„E-Leadership ist eine Form der direkten, interaktionellen Personalführung, die über computerbasierte Medien erfolgt und die Beeinflussung von Individuen, Gruppen und/oder Organisationen zum Ziel hat und sowohl innerhalb des Unternehmens aus auch ortsverteilt stattfinden kann."* E-Leadership kann in diesem Verständnis synonym mit Digital Leadership gebraucht werden. Eine tiefere Auseinandersetzung mit diesem Begriff und seiner Bedeutung folgt in Kap. 5.

E-Leadership

Funktionsbereiche der Führung

Führung beinhaltet verschiedene Funktionsbereiche, wie der Experte für Führungswissen J. Weibler (2012) ausführt:

Eine Selbsteinschätzung „Persönlicher Bezug zu Führung" finden Sie in den Download-Ressourcen

- ▶ *Kognitive Funktion*: Als vorgefertigtes, im Gehirn gespeichertes Schema wird Informationskomplexität reduziert.
- ▶ *Affektive Funktion*: Menschen werden zu Gedanken und Verhaltensweisen angeregt, sie werden stimuliert oder aber beruhigt, wenn sie sich orientiert fühlen.

> *Identitätsstiftende Funktion*: Das eigene Verhalten kann sinn-haft erklärt und gerechtfertigt werden.
> *Motivierende Funktion*: Taten werden ermöglicht, wenn Hand-lungsziele mit der Vorstellung verknüpft werden können, das Richtige zu tun.
> *Normative Funktion*: Die Wiederholung von Überzeugungen und Handlungen machen sie selbstverständlich und verhin-dern die Suche nach Alternativen.
> *Soziale Funktion*: Über geteilte Vorstellungen entsteht ein Wir-Gefühl, ein Gruppenzusammenhalt.
> *Systemerhaltende Funktion*: Wenn-dann-Regeln und Zweck-programme können Systeme steuern oder aber verinnerlichte Werthaltungen und Überzeugungen.

Weibler definiert Führung folgendermaßen: *„Führung heißt, andere durch eigenes, sozial akzeptiertes Verhalten so zu beeinflussen, dass dies bei den Beeinflussten mittelbar oder unmittelbar ein intendiertes Verhalten bewirkt."*

Wechselseitige Beziehung

Doch auch die geführten Personen nehmen Einfluss auf das Verhalten einer Führungskraft, die Beziehung ist also wechselseitig. Diese Sicht-weise musste allerdings historisch wachsen, da zunächst von einer rein personalen, eigenschaftsabhängigen Führungsperspektive ausge-gangen worden ist, die später in Konzepte über Führungsstile mündete.

3.2 Historische Entwicklung von Führungsvorstellungen

Historisch lassen sich vier Strömungen in der Entwicklung von Füh-rungstheorien festmachen (Wunderer & Grunwald, 1980; Macharzina, 1995; Stippler et al., 2000):

> Eigenschaftstheorie
> Situationstheorie
> Rollentheorie
> Interaktionstheorie

Die Eigenschaftstheorie betont die Persönlichkeit der Führungsperson als entscheidend und ermächtigend für Führungshandeln. Sie wird in der „Great Man Theory" kurz dargestellt. Bereits in der Entwicklung und Diskussion von Führungsstilkonzepten (s. Kap. 3.2.2) wird Führung als erlernbare Verhaltensweise verstanden. Die Auswirkung des Führungsverhaltens wird in den folgenden Jahrzehnten immer mehr in Abhängigkeit von weiteren situativen Variablen ausdifferenziert und mündet schließlich in Interaktionstheorien, die das komplexe Zusammenspiel von Personen, Haltungen, Verhaltensweisen, situativen und organisationalen Bedingungen beachten (s. Kap. 3.2.3-3.2.8). In der Rollentheorie wird Führung von der Person losgelöst und einer Funktion zugeschrieben (s. Kap. 3.2.9), was einen guten Übergang zu neuzeitlichen Führungstheorien darstellt (s. Kap. 3.3). In ihnen gewinnt das Rollenkonzept der Führung eine immer größere Bedeutung. So wird beispielsweise bei der aktuellen, netzwerkzentrischen Führung (s. Kap. 3.3.11) Führung auf verschiedene Personen übertragen. Somit stellt die Rollentheorie den Gegenpol zur Eingeschaftstheorie dar.

3.2.1 „Great Man Theory" oder „Hero-Theorie" und Skillsforschung

Die ersten Führungsvorstellungen gingen davon aus, dass Führung eine angeborene Persönlichkeitseigenschaft sei. Somit wären bestimmte Menschen aufgrund ihres Charakters in der Lage, andere Menschen zu führen. Im Laufe des 20. Jahrhunderts wurde immer wieder – auch in Metastudien – versucht, bestimmte Führungseigenschaften zu definieren. Hierzu gehörten beispielsweise Intelligenz, Selbstvertrauen, Dominanz und Kooperationsfähigkeit. Die Korrelationen dieser Eigenschaften mit Führungspositionen fielen allerdings niedrig aus und wiesen eine große Streuung auf (Gebert & von Rosenstiel, 1996).

In der Skillsforschung ging es darum, Fähigkeiten zu definieren, die eine Führungskraft haben sollte. Hierzu zählte der Wissenschaftler Robert Katz bereits 1955 technische, soziale und konzeptionelle Fähigkeiten (Stippler et al., 2017). In den Folgejahren wurden von verschiedenen AutorInnen weitere Führungsfähigkeiten definiert, welche genauso wie die Eigenschaftsmodelle den Anspruch auf Allgemeingültigkeit hatten und sowohl Kontextfragen als auch Situationsfaktoren außer Acht ließen, genauso wie Konzepte, wonach Führungsfähigkeiten erlernbar wären.

3.2.2 Führungsstile

Ab etwa 1930 war die Vorstellung möglich, dass Führung ein erlernbares Verhalten sein könne und sich über bestimmte Führungsstile auswirke.

Ein erlernbares Verhalten

Unter Führungsstil kann man „ein zeitlich überdauerndes und in bestimmten Situationen relativ konsistentes Führungsverhalten" verstehen (Wunderer & Grunwald, 1980).

Der Nationalökonom Max Weber definierte drei Führungsstile:

> ▶ *Autokratischer Führungsstil*, Führen durch Macht
> ▶ *Charismatischer Führungsstil*, Führung durch Persönlichkeit
> ▶ *Bürokratischer Führungsstil*, Führung durch Regeln und Vorschriften

Der Sozialpsychologe Kurt Lewin untersuchte in den 1930er-Jahren Jugendgruppen und beschrieb ebenfalls drei Führungsstile:

Autoritär, demokratisch, laissez-faire

> ▶ *Autoritärer Führungsstil*, der schnelle Entscheidungen und Handlungen ermöglicht, Tätigkeiten durch die führende Person zuweist, sich allerdings demotivierend auswirkt.
> ▶ *Demokratischer oder kooperativer Führungsstil*, der mehr Selbstorganisation und Selbstständigkeit von Gruppen fördert, genauso wie die Motivation, aber Entscheidungsprozesse verlangsamt.
> ▶ *Laissez-faire-Führungsstil*, der viel Freiheit lässt, aber keinen Orientierungsrahmen bietet und auch die Selbstorganisation der Gruppen nicht ermöglicht.

Das Verhaltensgitter von Blake/Mouton (Managerial Grid)

Zwei Führungsdimensionen im Managerial Grid

Blake und Mouton entwickelten in den 1960er-Jahren ein Modell, welches Menschen- und Produktions-/Aufgabenorientierung unterscheidet und in einem Koordinatensystem verschiedene Verbindungen darstellt. Danach ist die reine Produktions-/Aufgabenorientierung (sach-rationaler Aspekt) eher dem autoritären Stil angelehnt und die reine Menschen-/Mitarbeiterorientierung (sozio-emotionaler Aspekt) eher dem kooperativen Führungsstil. Die höchste Effektivität würden Organisationen mit der Kombination zwischen Mitarbeiter- und Aufgabenorientierung erzielen, womit ein situationsunabhängiger Führungsstil propagiert wurde.

Die Ohio-Schule

Die sog. Ohio-Schule versuchte ca. 1.800 Führungsverhaltensweisen faktorenanalytisch auf wenige Grunddimensionen zu reduzieren und formulierte die beiden Faktoren „Consideration" und „Initiating Structure". Gebert und von Rosenstiel beschreiben „Consideration" als allgemeine Wertschätzung und Achtung, Offenheit, interaktive Bereitschaft und Einsatz für die einzelne Person. Bei „Initiating Structure" handele es sich um Strukturierungstätigkeiten, Definition von Zielen und Maßnahmen zur Zielerreichung, Aktivierung von Leistungsmotivation, sowie um Kontrolle und Beaufsichtigung (Gebert & von Rosenstiel, 1996). Auch bei diesem Modell handelt es sich, wie bei allen anderen Unterteilungen von Führungsstilen, eher um Grobkategorien, die keine zuverlässigen Vorhersagen von Führungsverhalten ermöglichten.

Die 3-D-Führungstheorie von Reddin

Während im Managerial Grid zwei Führungsdimensionen in verschiedenen Stufen kombiniert wurden, erlaubte ein dreidimensionales Modell, welches in den 1970er-Jahre vorgestellt wurde, die Verbindung von Aufgabenorientierung, Kontaktorientierung und Effektivität auch unter Einbezug von situativen Faktoren.

Drei Führungs-dimensionen

Die situative Reifegrad-Theorie von Hersey & Blanchard

Die Verhaltensforscher Paul Hersey und Kenneth Blanchard beschrieben Mitte/Ende der 1970er-Jahre den situativen Führungsstil. Damit kamen die Motivation und die Fähigkeit der geführten Person in den Fokus der Betrachtung. Es wurden vier Reifegrade der Mitarbeitenden definiert. Auf den jeweiligen Reifegrad wurde das angemessene Führungsverhalten bezogen. Eine Führungskraft sollte somit verschiedene Führungsstile zur Verfügung haben und sie personenabhängig einsetzen können.

Vier Reifegrade

Mehrdimensionale Führungsansätze

Es folgten vier- und vieldimensionale Führungsansätze, welche mit unterschiedlichen Elementen verschiedene Kombinationen herstellten und auch die Organisationsstruktur beachteten.

Weibler (2012) beschreibt folgende vier Einflussfaktoren auf Führung:

- ▶ Charakteristika der Führerseite
- ▶ Charakteristika der Geführtenseite
- ▶ Charakteristika der Führungsbeziehung
- ▶ Charakteristika der Führungssituation

Gebert & von Rosenstiel (1996) geben einen Überblick über verschiedene Studien, die folgende Variablen als moderierend auf das Führungsverhalten untersuchten:

▶ Merkmale der Aufgabenstruktur, wie z.B. Komplexität , Informationsunsicherheit usw.

▶ Merkmale aufseiten der geführten Person, wie z.B. Motivation, Qualifikation usw.

▶ Merkmale der Gruppe, wie z.B. Größe, Vertrauen, Kohäsion, Konflikte usw.

Durch die vielen Einflussfaktoren und Kombinationsmöglichkeiten erhöht sich die Komplexität in der Betrachtung von Führung, denn in multidimensionalen Führungsstilkonzepten wurde zunehmend organisationalen, interaktiven und personalen Elementen Rechnung getragen (Stippler et al., 2000). Eine ganzheitliche Betrachtung dieser Wechselwirkungen wurde insbesondere in systemischen Ansätzen versucht.

3.2.3 Systemische Führungstheorien

Die Organisation als Ganzes rückt in den Mittelpunkt

In systemischen Ansätzen, die insbesondere in der Bundesrepublik Deutschland eine Rolle spielen, rückt die Organisation als Ganzes in den Mittelpunkt. Sie wird als komplexes, dynamisches, soziales System betrachtet, welches aus vernetzten Teilen besteht, die in einer selbstgesteuerten Gesetzmäßigkeit miteinander agieren und sich von der Außenwelt identitätsstiftend abgrenzen, mit dieser aber in Beziehung stehen.

Führung bedeutet in einem sozialen System die Schaffung von Rahmenbedingungen, in denen Autopoiesis (Selbstorganisation) stattfindet, was nicht zielgerichtet steuer- bzw. kontrollierbar ist. Die verschiedenen systemischen Schulen setzen unterschiedliche Akzente bei der Rolle und den Möglichkeiten von Führung. So spricht der Systemiker Fritz B. Simon von der paradoxen Funktion von Führung, wenn es darum geht, die Selbstorganisation von Systemen zu organisieren (Krusche, 2008).

Kybernetik

Eine der wichtigsten Grundlagenwissenschaften für Management ist laut Fredmund Malik die Kybernetik. Ausgehend vom Problem der Komplexität geht es um das Entstehen und um die Erhaltung von Ordnung, welche sich sowohl durch Struktur (statisch) als auch durch Prozesse (dynamisch) kennzeichnen lässt. Sie entsteht durch „steuernde, regulierende, gestaltende, organisierende" Kräfte (Malik, 2003).

Im St. Galler Management-Modell des Wirtschaftswissenschaftlers dient Führung der Lenkung von Organisationen und umfasst:

- ▶ Die Unternehmenspolitik (Ziele und Normen)
- ▶ Unternehmensplanung (Maßnahmen und Budgets)
- ▶ Disposition (Entscheidung und Handlung)

Führungskräfte entscheiden somit, setzen Maßnahmen in Gang und kontrollieren ihre Umsetzung. Hierfür brauchen sie folgende Methodiken:

- ▶ Entscheidungsmethodik (Problemerfassung und -bearbeitung)
- ▶ Systemmethodik (Systemanalyse)
- ▶ Mitarbeiterführung

In der Weiterführung dieses Ansatzes wird zwischen normativem, strategischem und operativem Management unterschieden. Jede dieser Ebenen wird mit Strukturen, Aktivitäten und Verhalten beschrieben. Das St. Galler Management-Modell wird nochmals auf Seite 45 aufgegriffen.

Normatives, strategisches, operatives Management

Im Wittener Ansatz wird auf zirkuläre Vorgehensweisen fokussiert. Da die Wirkung von Führungsverhalten letztendlich nicht steuerbar ist, kann nur durch viele Rückkoppelungsschleifen die Selbststeuerungsfähigkeit eines organisationalen Systems gestärkt werden. Führung hat die Aufgabe, bewusst und iterativ die systemische Selbstreferenzialität und Reflexionsfähigkeit zu stärken. Dies geschieht durch Kommunikation und Festlegung von Kommunikationseinheiten.

Im Münchner Managementansatz wird die Autonomie sozialer Systeme hervorgehoben. Durch die Interaktion zwischen Individuen und dem Aushandeln ihrer Ziele wird das Organisationssystem konstituiert. Kommunikation ist immer Reaktion auf Kommunikation. Somit liegen nach dem Wiener Managementansatz die Bedingungen für die Steuerung von Systemen in den Beziehungen zwischen den Kommunizierenden. Managementaufgabe ist es, Strukturen zu beobachten und zu klären, denn sie haben Einfluss darauf, was im System zulässig ist und was nicht – sowie zu entscheiden, was auf einer Sach-, Sozial- und Zeitdimension möglich ist und was nicht.

Insgesamt pendeln die systemischen Sichtweisen über die Rolle und Möglichkeiten der Führung von einem über Grundsätze und Techniken steuernden Führungsverständnis bis hin zu der Vorstellung von Führung als Kunst. Die Kunst besteht darin, im System von führenden Personen, geführten Personen und Organisation, Beziehungen in ihren Kommunikationsdynamiken und Abgrenzungen sowie in ihrer Selbstorganisation und Eigendynamik zu betrachten, rückzukoppeln und dadurch systemisch zu intervenieren.

3.2.4 Führung im Management

„Management by ..."-Ansätze

Führungsmodelle wurden auch in der Managementlehre formuliert und entwickelt. Die folgenden „Management by ..."-Ansätze, die auch als Managementprinzipien bezeichnet werden, zählen zu den bekanntesten (Wunderer & Grunwald, 1980).

- ▶ Management by Ideas (Leitbildorientierte Führung)
- ▶ Management by Breakthrough (Führung durch organisatorischen Wandel)
- ▶ Management by Objectives (Führung durch Zielorientierung)
- ▶ Management by Delegation (Führung durch Delegation)
- ▶ Management by Exception (Führung nach dem Ausnahmeprinzip)
- ▶ Management by Results (Führung durch Ergebnisorientierung)
- ▶ Management by Systems (Führung mit Systemorientierung)
- ▶ Management by Motivation (Führung durch Motivation)

Führen mit Zielen

Management by Objectives

Das bekannteste der Führungsprinzipien ist „Management by Objectives", also Führung mit Zielen. Es beruht auf der Zielsetzungstheorie von Latham und Locke aus dem Jahr 1990. Der Begriff Führen mit Zielen wurde von Peter Drucker allerdings schon in den 1950er-Jahren eingeführt und ist zu einem selbstverständlichen Standard in vielen Organisationen geworden. Die Umsetzung erfolgt über Zielvereinbarungen zwischen Führungskraft und Mitarbeitenden.

Konkrete Ziele ermöglichen ein Commitment und klare Planung von Aufgaben und Maßnahmen zur Zielerreichung. Damit soll die Kenntnis und das Verständnis der Organisations-, Abteilungs-, Bereichs- und der Führungsziele ermöglicht werden – sowie des eigenen Beitrags zur Zielverwirklichung. Hierbei werden die persönlichen Ziele der Mitarbeitenden einbezogen und Entwicklungsfelder können gezielt definiert werden. Damit stehen Karriereziele, Beurteilung und Belohnung in Zusammenhang. Ziele werden meist nach der SMART-Formel (spezifisch, messbar, anspruchsvoll, realistisch und terminiert) konkretisiert und festgelegt. Feedback zur Unterstützung der Selbstwirksamkeit ist ein wichtiger Bestandteil dieser Vorgehensweise. Voraussetzung ist eine gewisse Stabilität des Systems und planbare Zeitabschnitte der Zielerreichung. Sie kommt bei hoher Komplexität, geringer Vorhersagbarkeit der Zukunft und schnellen Veränderungszyklen jedoch an ihre Grenzen.

SMART

Das St. Galler Management-Modell

In seinem praxisorientierten und strukturierten Ansatz spricht Malik vom Handwerk der Führung, welches erlernbar ist und sich auf Führungsgrundsätze, Aufgaben und Werkzeuge bezieht. In dem sog. Führungsrad werden diese dargestellt. Das Zentrum des Rades bildet die Verantwortung, d.h., eine Führungskraft muss sich entscheiden, für ihr eigenes Tun einzustehen. Aufgaben wie Ziele setzen, Organisieren und Entscheiden, Kontrollieren, Beurteilen und Fördern werden umgesetzt mit Werkzeugen, wie z.B. Leistungsbeurteilung, Reports, Meetings. Im Mittelpunkt wirksamer Führung steht die Kommunikation. Es entsteht der Eindruck, dass das Organisationssystem mittels Führung lenk- und beherrschbar wäre.

Das Führungsrad

Malik weist eindringlich darauf hin, dass Führung niemandem angeboren sei, sondern systematisch erlernt werden kann und muss. Management ist ein Beruf, und zwar laut Malik der wichtigste Massenberuf unserer Gesellschaft, welcher früher nur ausgesuchten Menschen, nämlich Angehörigen des Adels, der Kirche und des Militärs vorbehalten war. Management ist somit weder etwas Angeborenes noch eine Kunst oder eine Wissenschaft, sondern eine berufliche Disziplin, welche auf wissenschaftlichen Grundlagen beruht. Malik definiert Management als „Gestalten, Entwickeln und Lenken einer Organisation" (Malik, 2003).

Führung ist erlernbar

Bezogen auf Gesellschaftssysteme ist Management die Grundlage des Funktionierens eines jeglichen gesellschaftlichen Systems, egal um welchen Bereich es sich handelt. Management geschieht auf der Ebene der Gesamtorganisation durch Strategie, Struktur, Kultur und Prozessen. Auf der personalen Ebene geht es um die Führung und Entwicklung von Menschen. Management kann dabei als operatives Management auf Bekanntes ausgerichtet sein oder auf Unbekanntes, wenn es um das Management von Innovationen und Wandel geht.

3.2.5 Transaktionale Führung

Die transaktionale Führung ist motivationstheoretisch gestützt. Sie geht von einem Tauschprinzip, also einer Transaktion im Sinne einer Kosten-Nutzen-Bilanz aus. Mitarbeitende bringen ein Höchstmaß an Leistungseinsatz und erhalten hierfür Belohnungen. Die Leistungsmotivation kann intrinsisch durch verschiedene Maßnahmen erhöht werden. Hierzu zählen beispielsweise eine entsprechende Aufgabengestaltung, die Erweiterung des Tätigkeits- und Entscheidungsspielraumes oder weiterführende Qualifikationen, welche wiederum die Erwartung stärken, durch Anstrengung weitere Leistungsziele erreichen zu können. Ziele

Eine Selbsteinschätzung „Was motiviert mich?" finden Sie in den Download-Ressourcen

können durch extrinsische Faktoren wie z.B. Gehalt noch weiter positiv aufgeladen werden (Gebert & von Rosenstiel, 1996).

3.2.6 Transformationale oder visionär-charismatische Führung

Mit transformationaler Führung soll Verhalten geändert (transformiert) werden, was alleine über Belohnungen, Gehalt und Zielvereinbarungen nicht geht. *„Die transformationale Führung stellt u.a. eine Antwort auf das als stark entpersonalisiert und technokratisch erlebte Management einerseits sowie auf die zugeschriebenen Sinn- und Orientierungsdefizite andererseits dar"* (Gebert & von Rosenstiel, 1996, S. 188).

Transformationale Führung gibt eine Antwort auf die Kernfrage, wie man erreichen kann, dass Mitarbeitende Loyalität, Verantwortungsübernahme, Teamgeist, Selbstdisziplin, Veränderungs- und Lernbereitschaft sowie Engagement entwickeln (Pelz, 2016).

Die Führungskraft wird Modell für Verhalten, Werte und Ziele

Die Führungskraft soll intrinsische Motivation durch ein visionäres Vorbild fördern. Die Vermittlung von Sinn, Inspiration und fairer Kommunikation soll Vertrauen schaffen und Identifikation fördern. Die charismatische Führungspersönlichkeit kann idealisiert werden, man versucht, sie zu imitieren und somit wird sie ein Modell für Verhalten, Werte und Ziele. Gebert und von Rosenstiel (1996) sprechen von einer emotional fundierten, generalisierten Beeinflussungsrichtung. Die Kosten-Nutzen-Abwägung wird abgelöst, denn die Anstrengung ist an sich beglückend bzw. sinnstiftend.

Die charismatische Führungskraft führt durch ihre Persönlichkeit, ihrem Überzeugtsein von einer Leitidee, einer Vision, die Zugkraft hat. Sie ermächtigt ihre Mitarbeitenden und regt sie zur Eigeninitiative und kreativen Problemlösung an (Empowerment). Fritz B. Simon weist allerdings darauf hin, dass Charisma kein psychologisches Phänomen sei, sondern ein soziales. Er führt im Vergleich von Konrad Adenauer und Adolf Hitler die sozialen Bedingungen einer Gesellschaft bzw. einer Epoche an, die darüber bestimmen, welcher Person charismatische Eigenschaften zugeschrieben werden (Krusche, 2008).

Weibler stellt mehrere Studienergebnisse dar und extrahiert daraus folgende Komponenten transformationaler Führung (Weibler, 2012):

- ▶ Exemplarisches Vorbild (respektvoll, moralisch, vertrauensvoll, uneigennützig, Identifikationsobjekt)
- ▶ Inspirierende Motivation (enthusiastisch, zuversichtlich, ermutigend)
- ▶ Geistige Anregung (etablierte Denkmuster aufbrechend, neue Einsichten vermittelnd)
- ▶ Individuelle Zuwendung (sich Zeit nehmend, bedürfnissensibel, individuell fördernd)

Pelz bestätigt folgende Tätigkeiten von Führungskräften als kennzeichnend für erfolgreiche transformationale Führung:

- ▶ Vorbild und Vertrauen als Basis der Identifikation
- ▶ Inspiration und Motivation durch anspruchsvolle Ziele
- ▶ Stimulation von selbstständigen, kreativen Problemlösungen
- ▶ Weiterentwicklung von Mitarbeitenden durch individuelle Förderung
- ▶ Klare und offene Kommunikation mit fairen Spielregeln und Beziehungsgestaltung mit konstruktiven Werten wie Transparenz und Aufrichtigkeit
- ▶ Unternehmerische Haltung durch kontinuierliche Verbesserungen mit Blick auf wirtschaftliche Konsequenzen
- ▶ Umsetzungsstärke (Volition) im Sinne von Ergebnisorientierung, indem Ziele und Motive in messbare Resultate überführt werden

Transformationale Führung verbindet somit Eigenschaften, die als Big Five bezeichnet werden, in ihrer höchsten Ausprägung. Dies sind:

Die Big Five der transformationalen Führung

- ▶ Hohe Extraversion
- ▶ Hohe Gewissenhaftigkeit
- ▶ Hohe Verträglichkeit
- ▶ Hohe Offenheit
- ▶ Hohe Stabilität der Führungskraft.

Die hohe Ausprägung all dieser Eigenschaften kommt allerdings niemals in dieser Kombination bei einem einzelnen Menschen vor. Somit ist das, was Waldemar Pelz als transformationale Führung beschreibt, nicht durch eine Person alleine zu verwirklichen, sondern eher durch Führungsteams.

Pelz fasst die Auswertung von 50 Validierungsstudien und eine eigene Befragung von 14.348 Fach- und Führungskräften folgendermaßen zusammen (Pelz, 2016):

Transformationale Führung bewirkt bei Mitarbeitenden:

▶ Mehr Leistung (Kennzahlen)
▶ Mehr Kreativität, Teamgeist
▶ Intrinsische Motivation
▶ Größere Arbeitszufriedenheit

Bei Führungskräften führt sie zu:

▶ Bessere Beziehungen
▶ Mehr Energie
▶ Weniger Stress
▶ Höheres Einkommen

Werte müssen sichtbar gelebt werden

Bei diesen empirisch gut gesicherten Ergebnissen ist allerdings zu beachten, dass es nicht nur um heroische Bekundungen vonseiten der Führungskraft, sondern um sichtbar gelebte Werte gehen muss. Ihnen kommt eine Schlüsselfunktion in Organisationen zu. Dies wird von Weibler (2012) unterstützt, wenn er von authentischer oder dienender Führung im Zusammenhang mit transformationaler Führung spricht und die Anbindung an ethische Moralvorstellungen hervorhebt. Er stützt sich auf empirische Befunde, wonach die Kombination von authentischer, ethischer und transformationaler Führung den größten Einfluss auf Leistung und Langzeitmotivation der Geführten hat.

Eine Selbsteinschätzung „Meine Vision und Ziele" finden Sie in den Download-Ressourcen

Und noch etwas ist zu beachten: Im Organisationsalltag werden in der Regel Mischformen von transaktionaler und transformationaler Führung gelebt.

Einige der Kennzeichen, die in dem Konzept der transformationalen Führung beschrieben werden, sind bereits Ende der 1970er-Jahre im Verständnis von kooperativer Führung untersucht und dargestellt worden. Da beide Führungsvorstellungen einen starken Bezug zu agiler Führung haben, soll an dieser Stelle noch kurz auf kooperative Führung eingegangen werden. Kooperative Führung wird hierbei als eigenständiges Führungskonzept verstanden und nicht nur als ein Pol bei zweigeteilten Beschreibungen von Führungsstilen wie etwa autoritär vs. kooperativ.

3.2.7 Kooperative Führung

Die zwei wichtigsten Kriterien von kooperativer Führung sind die Mitwirkung der Mitarbeitenden bei Entscheidungen und die Gruppenarbeit,
wobei auch die demokratische Haltung der Vorgesetzten, Vertrauen,
geringe Kontrolle und Selbstverwirklichung mitdiskutiert werden (Wunderer & Grunwald, 1980). Die Autoren führen aus, dass der Begriff einen
prosozialen Aspekt beinhaltet, da die Beziehungsgestaltung konsens-
fähig und die Machtgestaltung unter wechselseitiger, tendenziell sym-
metrischer Einflussausübung geschehen sollen. Aus Organisationssicht
geht es um die zielorientierte, soziale Einflussnahme zur Erfüllung ge-
meinsamer Aufgaben in einer strukturierten Arbeitssituation.

Mitwirkung und Gruppenarbeit

Wunderer & Grundwald beschreiben kooperative Führung mit folgenden
Merkmalen:

- ▶ Ziel- und Leistungsorientierung
- ▶ Funktionale Rollendifferenzierung und Sachautorität
- ▶ Multilaterale Informations- und Kommunikationsbeziehungen
- ▶ Gemeinsame Einflussausübung
- ▶ Konfliktregelung durch Aushandeln und Verhandeln
- ▶ Gruppenorientierung; partnerschaftliche Zusammenarbeit
- ▶ Vertrauen als Grundlage der Zusammenarbeit
- ▶ Bedürfnisbefriedigung von Mitarbeitern und Vorgesetzten
- ▶ Organisations- und Personalentwicklung

Als zugrunde liegende Werte nennen die Autoren:

1. Arbeit und Leistung
2. Wechselseitigkeit
3. Selbstverwirklichung

Somit sind bereits viele der in aktuellen Führungskonzepten vorkom-
menden Vorstellungen bereits vorgedacht und vor einigen Jahrzehnten
entwickelt worden. Kooperative Führung im dargestellten Sinne ist ein
Teil der Anforderung an agile Führung.

3.2.8 Kulturdimensionen der Führung

In der GLOBE-Studie untersuchten House et al. (2004) über zehn Jahre
die Führungsvorstellungen in 62 Ländern (Hofert, 2016). GLOBE ist ein
Akronym und steht für „Global Leadership and Organizational Beha-
viour Effectivness". Es konnten sechs generalisierbare Führungsstile

Führung in interkulturellen Kontexten

Zwei universelle Führungsstile beschrieben werden, die mit Führungserfolg zusammenhängen, sowie Kulturdimensionen, die in verschiedenen Kulturen unterschiedlich gelebt werden. Von diesen sechs Führungsstilen können die charismatische Führung und die teamorientierte Führung als universell betrachtet werden. Abb. 3 zeigt die Kennzeichen dieser beiden Führungsstile.

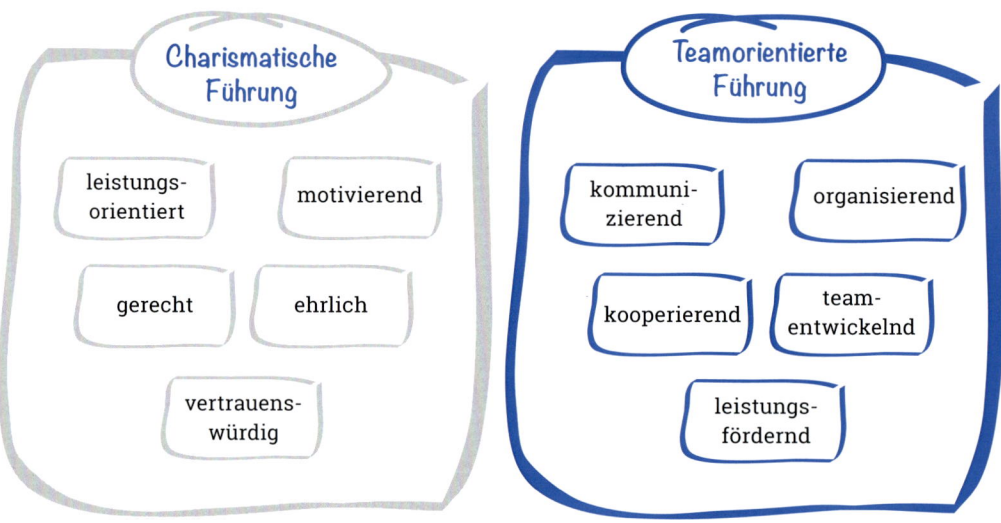

Abb. 3: Universelle Führungsstile aus der GLOBE Studie (House, 2004), eigene Darstellung

Zu den kulturspezifisch unterschiedlichen Führungsstilen zählen die vier Führungsstile, welche in Abb. 4 auf der Folgeseite dargestellt werden.

House et al. haben weitere Dimensionen extrahiert, die in unterschiedlichen Kulturen unterschiedlich gelebt werden. Hierzu hören:

- ▶ Unsicherheitsvermeidung
- ▶ Machtdistanz (Toleranz von Hierarchie und Macht)
- ▶ Kollektivismus 1 (Teamergebnis als Gemeinschaftsprodukt)
- ▶ Kollektivismus 2 (Zusammengehörigkeit, Stolz und Identifikation mit der Gruppe)
- ▶ Geschlechtergerechtigkeit
- ▶ Zukunftsgerichtetheit (Zukunftsziele, Strategien und Planungen)
- ▶ Bestimmtheit (Durchsetzungskraft und Direktheit)

▶ Leistungsorientierung (Belohnung für individuelle Leistung)
▶ Humanorientierung (Altruismus, Großzügigkeit, Fairness)

Kulturspezifische Führungsstile

humanorientiert menschenorientiert - altruistisch	autonomieorientiert unabhängig - individualistisch
autoritätsorientiert - hierarchisch	partizipativ - teilhabend

Universell abgelehnte Führungsmerkmale

Narzissmus

Arroganz

Gesichtswahrer

Abb. 4: Kulturspezifische Führungsstile aus der GLOBE Studie (House, 2004), eigene Darstellung

Deutschland hat höhere Werte in Unsicherheitsvermeidung und dadurch auch in Zukunftsgerichtetheit, in Machtdistanz, in Kollektivismus 2 und in Bestimmtheit. Im Mittelfeld liegt Deutschland bei Leistungsorientierung und in Humanorientierung. Geringe Werte hat Deutschland in Geschlechtergerechtigkeit und Kollektivismus 1.

Die Kenntnis dieser Zusammenhänge ist unabdingbar, wenn Führung in globalen oder interkulturellen Kontexten stattfindet.

3.2.9 Führung als Rolle

Die Unterscheidung nach Rollen dient der aufgabenspezifischen Arbeitsteilung.

Aufgaben-
spezifische
Arbeitsteilung

Der deutsche Ökonom Klaus Macharzina (1995) weist darauf hin, dass die Rollentheorie als deskriptives Konzept zur Analyse sozialer Phänomene beschrieben wurde. Der Autor definiert Rolle folgendermaßen:

„Unter einer Rolle ist ein in sich konsistentes Bündel von Verhaltens-erwartungen bezüglich der Aufgaben, Rechte und Pflichten, die an den Inhaber einer Position gerichtet sind, zu verstehen."

Führungskräfte üben in der Regel mehrere Rollen aus

Führungskräfte üben in der Regel mehrere Rollen aus, die sich auf Informationsverteilung, Repräsentanz, Personalführung, Teamentwicklung, Unternehmenskultur, Vision und Strategie, Krisenmanagement, Problemlösung, Konfliktmanagement, Organisationsentwicklung, Ressourcenzuteilung und Entscheidung beziehen. Diese sind auf unterschiedlichen Führungsebenen unterschiedlich gewichtet und werden mit Führungskompetenzen umgesetzt.

Die Rolle ist an eine Position, nicht an eine Person gebunden

Nach der Definition von Macharzina ist die Rolle an eine Position, nicht an eine Person gebunden. Dennoch wird sie von einem Individuum eingenommen und von diesem gelebt. Beide, Individuum und Rolle, sind unabhängig voneinander und als Schnittmenge Teile eines größeren Systems. In diesem Sinne definiert der Organisationspsychologe Günther Mohr (2015): *„Rollen sind zusammenhängende Muster aus Denken, Fühlen, Verhalten sowie den zugehörigen Aufmerksamkeitsmustern und Beziehungsgestaltungen. Rollen sind die zu einem bestimmten Systemkontext zugehörige Ausdrucksformen der Personen und Gruppen."* Somit prägt die Person in ihrer Individualität und ihrer eigenen Systemeinbindung die Rolle und die Rolle prägt die Person.

Rollenverhalten spielt sich in sozialer Verflechtung ab. Nach Wunderer und Grunwald (1980) werden Rollen aus Werten, Normen und Erwartungen abgeleitet. Die Vorstellung darüber, wie sich eine Person in einer bestimmten Situation oder Position verhalten wird oder soll, hat antizipatorische Aspekte (wird so handeln) und normative Aspekte (soll so handeln). Diese Erwartungen werden durch Normen bestimmt, die wiederum aus Werten abgeleitet werden. Mit dem Rollenkonzept sind Rechte und Pflichten verbunden, über die ein Konsens ausgehandelt werden muss. Innerhalb von Organisationen herrscht für Rollen die folgende Besonderheit:

- ❯ Sie sind strukturiert und formalisiert
- ❯ Sie sind eher nach Rang und Befugnis unterschieden, also hierarchisch gegliedert
- ❯ Sie sind stärker spezialisiert und abgegrenzt

Innerhalb dieser Rahmung findet individuell geprägtes und situativ abhängiges Rollenhandeln statt.

Der Rollenbegriff wird in agilen Organisationen und in einem agilen Führungsverständnis von Position und Funktion losgelöst. Rollen werden mit ihren Aufgaben beschrieben und werden von denjenigen Personen, ggf. auf Zeit, eingenommen, die gerade am besten für einen bestimmten Prozess geeignet sind. Dies gilt auch für Führungsrollen.

3.3 Aktuelle Führungstheorien

Aktuelle Führungstheorien gehen mit einem Paradigmenwechsel der Führungsvorstellungen einher. Diese zeichneten sich in Konzepten der transformationalen und kooperativen Führung bereits ab, sowie durch das Verständnis von Führung als Rolle.

3.3.1 Laterale Führung

Laterale Führung bedeutet Führung ohne Weisungsbefugnis. Kühl & Schnelle (2003) nennen laterale Führung einen Oxymoron, also eine rhetorische Figur, bei der gegensätzliche, sich ausschließende Begriffe verwendet werden, wie z.B. bei einem schwarzen Schimmel. Es geht darum, Personen dahingehend zu beeinflussen, zusammenzuarbeiten, um bestimmte Ziele zu erreichen, ohne die Möglichkeiten der hierarchisch definierten Position zu haben und aus dieser heraus mit eventuellem Widerstand umzugehen. So kann es beispielsweise bei bestimmten Projekten darum gehen, abteilungs- und auch organisationsübergreifend Menschen für eine Zusammenarbeit zu gewinnen. Rollen wie ProjektmanagerIn, KoordinatorIn, TeamleiterIn, GruppenleiterIn, ModeratorIn können die Aufgabe haben, lateral zu führen.

Führung ohne Weisungsbefugnis

Im Mittelpunkt der Lateralen Führung steht die Verständigung. Sie braucht eine zweckorientierte Haltung, es geht also nicht darum, welches die beste Lösung/Maßnahme/Entscheidung ist, sondern auf welche man sich verständigen kann. Da es Opposition und Zweifel geben kann, ist es viel wichtiger, diesem einen Raum und Akzeptanz zu geben, als vom eigenen Standpunkt aus überzeugen zu wollen. Dialog und Diskurs können zu Interessenausgleich führen und Handlungsfähigkeit herstellen.

3.3.2 Neuroleadership

SCARF-Modell und Konsistenztheorie

Im interdisziplinären und noch relativ neuen Forschungsfeld „Neuroleadership" werden neurowissenschaftliche Erkenntnisse für Führungs- und Managementmodelle genutzt. Vorherrschende Konzepte von Neuroleadership stammen von den Begründern David Rock und Jeffrey Schwartz mit dem SCARF-Modell (Status, Certainity, Autonomy, Relatedness, Fairness) sowie von Theo Peters und Argang Ghadiri, welche sich auf die Konsistenztheorie von Klaus Grawe beziehen. Die beiden Ansätze wurden anhand der Fragestellung verglichen, in welchem Umfang Führungskonzepte des Neuroleadership Leistung und Gesundheit vorhersagen können (Reinhardt, 2015). Es wurden Daten von 940 Berufstätigen mittels Selbsteinschätzung erhoben. Die größten Varianzanteile (40% bezüglich Leistung und über 43% bezüglich Gesundheit) konnten durch die Konsistenztheorie aufgeklärt werden, wodurch sie dem SCARF-Modell als überlegen betrachtet werden kann.

Die Konsistenztheorie von Grawe besagt, dass es zu stabiler psychischer Gesundheit und Leistungsfähigkeit kommt, wenn psychische, neurobiologisch nachweisbare Grundbedürfnisse befriedigt werden. Konsistenz ist die Übereinstimmung gleichzeitig ablaufender Prozesse. So kommt es z.B. zu Inkonsistenz, wenn aktivierte motivationale Ziele (Annäherungsschemata oder Vermeidungsschemata) nicht mit dem real Erlebten übereinstimmen, beispielsweise wenn das Bedürfnis nach Kontrolle durch ein chaotisches Marktumfeld ausgehebelt wird.

Psychische Grundbedürfnisse

Zu den psychischen Grundbedürfnissen zählen:

➤ *Bedürfnis nach Bindung*
Dieses Bedürfnis wird befriedigt, wenn die Erfahrung besteht, bei anderen Schutz und Geborgenheit zu bekommen. Dadurch entsteht Vertrauen. Es geht mit der Ausschüttung des Hormons Oxytocin einher. Das Zugehörigkeitsgefühl wirkt sich in der Studie von Reinhardt am ehesten auf Leistung aus, das Sicherheitsbedürfnis auf Gesundheit.
➤ *Bedürfnis nach Orientierung und Kontrolle*
Sofern motivationale Ziele umgesetzt werden können, wird dieses Bedürfnis befriedigt.
➤ *Bedürfnis nach Selbstwerterhöhung und Selbstwertschutz*
Bei positiver Ausprägung wird Selbstwerterhöhung angestrebt, bei negativer Ausprägung herrschen Vermeidungsziele vor, die vor Verletzung schützen sollen.
➤ *Bedürfnis nach Lustgewinn und Unlustvermeidung*

Es geht dabei um die Aktivierung des Belohnungssystems, welches sich auf mehrere Gehirnsturkturen verteilt (Nucleus accumbens, Areale im Stirnlappen und im Mittelhirn). Das Belohnungssystem geht mit Wohlbefinden und Motivation einher und wird durch hormonelle Vorgänge gesteuert. Beim Zustandekommen von positiven und negativen Gefühlen spielt die Amygdala eine wichtige Rolle. Dort werden Informationen ausgewertet, die über die Sinnesorgane eintreffen. Die Grundlage für diese Wertung ist das emotionale Erfahrungsgedächtnis, welches schnell und unbewusst arbeitet (Damasio, 1997) und das Entscheidungssystem beeinflusst. Die Amygdala ist auch das Alarmsystem des Organismus und löst negative Gefühle aus, wie etwa Angst und Panik. Wenn diese die Oberhand gewinnen, ist der Organismus hohem Stress ausgesetzt, was sich wiederum blockierend auf andere Systeme auswirkt. Tunneldenken und -handeln sind dann vorherrschend. Führung, die mit Angst und Drohszenarien arbeitet, die über Strafe wirken möchte, hat somit demotivierende und einengende Konsequenzen.

Aktivierung des Belohnungssystems

Positive Emotionen stehen darüber hinaus in empirisch nachgewiesenem Zusammenhang mit Gesundheit und negative Emotionen mit Krankheit (Kastner, 2010; Leidig et al., 2006).

Menschen bilden Verhaltens-, Denk- und Fühlmuster aus, um Komplexität zu reduzieren und handlungsfähig zu sein. Diese sind durch hohe Stabilität gekennzeichnet, da sie auf neuronalen Verschaltungen beruhen, die durch Wiederholung immer stärker werden. Dieses Wissen ist besonders wichtig, wenn es um Verhaltensänderung oder um Problemlösungsversuche geht (s. Kap. 4.3).

Damit Vorsätze in Handlung überführt werden, müssen die damit zusammenhängenden Ziele emotional positiv belegt sein (Storch, 2005). Reine Vernunftziele haben eine wesentlich geringere Wahrscheinlichkeit, umgesetzt zu werden. Somit ist es entscheidend, worauf die Aufmerksamkeit von Personen gelenkt wird, auf eher emotional negative oder auf emotional positive Vorgänge. Die Aufmerksamkeitslenkung hat daher Einfluss auf physiologische Vorgänge im Gehirn. Dieses Wissen wird längst in lösungsorientierten Ansätzen der Psychotherapie, des Coachings und der Beratung genutzt (Berninger-Schäfer, 2018; Schmidt, 2004; Roth & Ryba, 2016). Es findet inzwischen auch Einzug in die Führungsforschung.

Lösungsorientierte Ansätze

Im Arbeitskontext kann das Belohnungssystem durch unmittelbares, positives Feedback für das Erlernen neuer Arbeitsabläufe und die Möglichkeit, Erlerntes anzuwenden, aktiviert werden (Wandtner, 2009). Auch wirken sich Fairness und Vertrauen positiv aus. Es entsteht ein Gefühl von Sicherheit und Kontrolle, wenn Menschen ihre aktivierten motivationalen Ziele (Annäherungs- bzw. Vermeidungsziele) umsetzen können. Diese sind emotional gekennzeichnet und geprägt. Gelassenheit geht mit einem erhöhten Serotoninspiegel einher. Motivierend wirkt sich aus, was mit Belohnung (der Ausschüttung von Dopamin) einhergeht sowie mit einer Erhöhung des Selbstwertgefühls bzw. dem Schutz desselben. Das Ausrichten der Aufmerksamkeit auf positive Vorgänge beeinflusst neuronale Aktivität und damit den Erlebenszustand von Personen. Für Führungskräfte wäre es hilfreich, Methoden des systemisch-lösungsorientierten Coachings zu beherrschen, da sie damit gezielt Techniken der Aufmerksamkeitslenkung, Zielfindung und kreativer Problemlösung lernen (s. Kap. 6.2).

3.3.3 Emotional intelligente Führung

Die Bedeutung positiver Emotionen für die Entscheidungsfähikgeit

Mit den Ausführungen zu Neuroleadership geht bereits die Bedeutung von positiven Emotionen für Motivation und Entscheidungsfähigkeit einher. Laut dem amerikanischen Psychologen Daniel Goleman ist emotionale Kompetenz eine Fähigkeit, die auf emotionaler Intelligenz beruht und Leistung fördert (Weibler, 2012). Sie ist erlernbar und beruht auf Selbstwahrnehmung, Selbstmanagement, sozialem Bewusstsein und Beziehungsmanagement. Die Fähigkeit, Emotionen bei sich und anderen wahrzunehmen, anzuerkennen und zu regulieren, wird unter Punkt 3.3.6 „Mindful Leadership" dargestellt und ist eng verwandt mit dem Konzept von Positive Leadership.

3.3.4 Positive Leadership

Positive Psychologie

Die Bezeichnung „Positive Leadership" bezieht sich auf ein Führungsverständnis, das auf der Positiven Psychologie basiert. Abraham Maslow prägte diesen Begriff bereits 1954, Martin Seligman verschaffte ihm in den 90er-Jahren Aufmerksamkeit. Die Perspektive der Positiven Psychologie beschäftigt sich mit positiven Emotionen sowie mit kognitiven, sozialen und spirituellen Stärken. Ihr Fokus ist auf Ressourcenstärkung und Wohlbefinden ausgerichtet.

Seligman (2012) definierte das PERMA-Modell über fünf Aspekte, die dazu beitragen, dass Menschen aufblühen: Das PERMA-Modell

- **P**: Positive Emotions (positive Emotionen)
- **E**: Engagement
- **R**: Relationships (Beziehungen)
- **M**: Meaning (Sinnhaftigkeit)
- **A**: Accomplishment (Leistung/Zielerreichung)

Das PERMA-Modell stellt die Grundlage für intensive empirische Forschung dar, sowohl im psychologischen, pädagogischen als auch im wirtschaftlichen Sektor.

In einem groß angelegten Forschungsprojekt wurden die PERMA-Faktoren von Seligman um den Faktor „Lead" ergänzt, welcher sich auf ein stärken- und ressourcenorientiertes Führungsverhalten bezieht. Es entstand ein wissenschaftlich fundiertes Erhebungsinstrument, der PERMA-LEAD-Test, der als Online-Tool eingesetzt werden kann. Der PERMA-LEAD-Test kann zur Selbsteinschätzung mit der Möglichkeit eines Benchmark-Vergleichs oder als 360-Grad-Feedback bzw. zur Selbst- und Fremdeinschätzung genutzt werden (Ebner, 2016).

Ebner gibt einen kurzen Überblick über Studien, die nachweisen, dass sich Positive Leadership stärkend auf die Gesundheit, die Kreativität, die Performance und die Arbeitszufriedenheit von Mitarbeitenden auswirkt. Auf die Führungskräfte selbst wirkt sich positiv aus, dass sie engagierter sind und ihre Tätigkeit als weniger belastend erleben. Mit Positive Leadership soll eine defizitorientierte Perspektive in der Führung, die nur dann Feedback gibt, wenn etwas nicht gut läuft, abgelöst werden. Es geht eher darum, nicht genutzte Kompetenzfelder zu finden und auszuweiten.

Abb. 5 auf der Folgeseite stellt die PERMA-LEAD-Prinzipien und beispielhaften Fragen aus dem PERMA-LEAD-Test dar (s. Ebner, 2016; Ebner & Konrad-Ristau, 2018).

Beim PERMA-LEAD-Test handelt sich um eine Potenzialanalyse, die den Anspruch hat, konkretes Führungsverhalten zu messen. Der PERMA-LEAD-Test

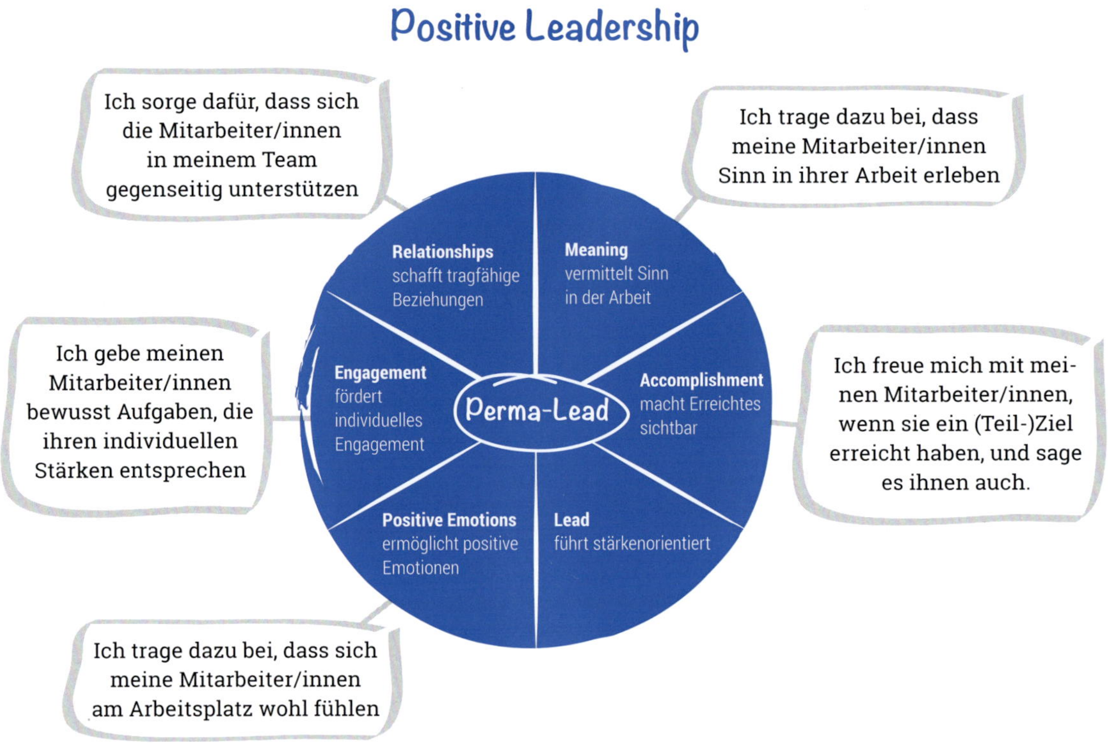

Positive Leadership

Ich sorge dafür, dass sich die Mitarbeiter/innen in meinem Team gegenseitig unterstützen

Ich trage dazu bei, dass meine Mitarbeiter/innen Sinn in ihrer Arbeit erleben

Ich gebe meinen Mitarbeiter/innen bewusst Aufgaben, die ihren individuellen Stärken entsprechen

Ich freue mich mit meinen Mitarbeiter/innen, wenn sie ein (Teil-)Ziel erreicht haben, und sage es ihnen auch.

Ich trage dazu bei, dass sich meine Mitarbeiter/innen am Arbeitsplatz wohl fühlen

Relationships schafft tragfähige Beziehungen

Meaning vermittelt Sinn in der Arbeit

Engagement fördert individuelles Engagement

Perma-Lead

Accomplishment macht Erreichtes sichtbar

Positive Emotions ermöglicht positive Emotionen

Lead führt stärkenorientiert

Abb. 5: PERMA-LEAD-Prinzipien und beispielhafte Aussagen

In ihrer Studie untersuchten Ebner & Konrad-Ristau, inwiefern es einen Zusammenhang zwischen bestimmten Persönlichkeitseigenschaften und Führungsverhalten im Sinne von Positive Leadership gibt. Es wurden 34 weibliche und 71 männliche Führungspersonen aus unterschiedlichen Branchen und auf verschiedenen Hierarchieebenen untersucht. Hierzu gehörten folgende Hierarchieebenen: Vorstand (15%), Bereichsleitung (16%), Abteilungsleitung (27%) und Gruppenleitung (42%) (Ebner & Konrad-Ristau, 2018).

Als Instrument wurden eine Kurzversion des PERMA-LEAD-Tests und der NEO-FFI eingesetzt, wobei es sich bei Letzterem um ein psychologisches Testinstrument zur Erfassung der ‚Big Five'-Persönlichkeitstendenzen nach Goldberg handelt (Extraversion, Verträglichkeit, Gewissenhaftigkeit, Neurotizismus und Offenheit für Erfahrungen).

Es konnten signifikante Wechselbeziehungen zwischen Positive-Leadership-Verhalten und Persönlichkeitseigenschaften festgestellt werden, speziell mit Extraversion, Verträglichkeit, Gewissenhaftigkeit und Offenheit für Erfahrungen. Offenheit für Erfahrung hängt dabei besonders deutlich mit dem Faktor Relationship, also mit Beziehungsgestaltung zusammen und weniger mit Accomplishment, also dem Aufzeigen, ob Ziele auch erreicht werden. Dagegen wirkt sich Neurotizismus negativ auf alle PERMA-LEAD-Faktoren aus, insbesondere auf Sinnvermittlung (Meaning) und darauf, individuelle Stärken zu erkennen und zu fördern (Engagement).

Diese festgestellten Zusammenhänge sagen nichts über Ursache-Wirkungs-Mechanismen aus und sollen auch nicht zu der Vorstellung führen, dass sich bestimmte Persönlichkeitseigenschaften und bestimmtes Führungsverhalten ausschließen. Sie zeigen vielmehr, dass Menschen von unterschiedlichen Startpositionen ausgehen, wenn sie dem Anspruch an Positive Leadership gerecht werden wollen (Ebner & Konrad-Ristau, 2018).

3.3.5 Salutogenetische Führung

Die Themenfelder Neuroleadership, emotional intelligente Führung und Positive Leadership hängen eng miteinander zusammen – und auch mit einem weiteren Themenfeld, der gesundheitsgerechten Führung (Berninger-Schäfer, 2013). Wie Holz (2006) nachwies, lassen sich hohe Korrelationen zwischen der Sensitivitätsanforderung und Gesundheits- sowie Zufriedenheitswerten finden.

Gesundheitsgerechte Führung

Die salutogenetische Perspektive setzt sich damit auseinander, was Menschen gesund erhält und sie widerstandsfähig (resilient) macht. Antonovsky (1997) hat hierfür die empirisch mehrfach bestätigten Variablen Verstehbarkeit, Machbarkeit und Sinnhaftigkeit identifiziert. Sie hängen alle drei mit Führung zusammen, weil es darum geht, ob eine geführte Person versteht, was sie zu tun hat, die Aufgaben mit ihren Kompetenzen und organisationalen Ressourcen auch umsetzen kann und ihre Tätigkeit als sinnhaft erlebt.

Gesundheit spielt sich im Wechselspiel zwischen Verhaltensprävention, also dem persönlichem Gesundheitsverhalten (mit den klassischen Säulen Ernährung, Bewegung und Entspannung) und Verhältnisprävention ab. Letzteres bedeutet die vorbeugende, gesundheitsgerechte Gestaltung der Arbeitsumgebung. Sie obliegt dem Einflussbereich der Führung, die für Arbeitsprozesse und -strukturen verantwortlich ist. Betriebliches Gesundheitsmanagement beachtet diese Zusammenhänge und stellt in vielen Organisationen einen kontinuierlichen Verbesserungsprozess mit definierten Abläufen dar.

Betriebliches Gesundheitsmanagement

Führungskultur

Entscheidend für ein erfolgreiches betriebliches Gesundheitsmanagement ist die Führungskultur in Organisationen. Sie fördert die persönliche und organisationale Resilienz und ist ein strategisches Unternehmensziel (Badura, 2010; Kastner 2010).

3.3.6 Mindful Leadership und Superleadership

Die bisher geschilderten Führungskonzepte machen deutlich, welch hohe Anforderungen an Führungskräfte gestellt werden und welche Kompetenzen sie brauchen, um diesen gerecht zu werden. Sie sollen inspirierend motivieren, authentisch und fair sein, fördern, Sinn stiften, empowern und für den Erfolg der Organisation sorgen. Sie führen in einer Welt mit großer Unsicherheit, Unvorhersehbarkeiten, Komplexität und Ambiguität, was üblicherweise mit VUCA als Akronym für Volatility, Uncertainty, Complexity und Ambiguity zusammengefasst wird (s. Seite 23). Sie und ihre Mitarbeitenden sind einer Flut von Informationen und Aufgaben, ständiger Erreichbarkeit, schnellen Veränderungen und neuen, technischer Möglichkeiten ausgesetzt. Dies stellt ein hohes Stresspotenzial dar, welches sich auf die genannten Anforderungen negativ auswirkt. Stress blockiert Kreativität, Souveränität, Entscheidungsfindung, Problemlösung und wirkt sich negativ auf die Gesundheit aus.

Selbstregulation

Somit gehört zu den aktuellen Anforderungen an Führung die Kompetenz, sich selbst zu steuern und zu regulieren. Die Erfolge, die Jon Kabat-Zinn mit der Entwicklung des inzwischen seit mehr als 30 Jahren eingesetzten und empirisch gut erforschten MBSR-Trainings hat (Mindfulness-Based Stress Reduction), führten dazu, dass MBSR in Firmen wie etwa SAP oder Microsoft für Führungskräfte angeboten wird (Dietz & Dietz, 2008; Kabat-Zinn, 2013; Bauer, 2015; Ballreich, 2017).

Achtsamkeits-
basierte
Meditation

Das Erlernen und Üben achtsamkeitsbasierter Meditation geht mit einem Bewusstseinstraining einher und ermöglicht es, Denk-, Fühl- und Verhaltensmuster zu erkennen und zu stoppen. Dabei wird die Fähigkeit gestärkt, die eigene Aufmerksamkeit gezielt zu lenken – und es entsteht ein Wissen über die Funktionsweise des eigenen Geistes. Sowohl das eigene Gehirn als auch das Immunsystem werden positiv beeinflusst. Achtsamkeit kann zunehmend im Alltagsgeschehen ausgeführt werden und bezieht sich auf die Wahrnehmung der eigenen Vorgänge, aber auch auf die achtsame Wahrnehmung anderer.

Mindful Leadership ist somit eine Haltung und ein Vorgehen, das auf Selbstregulation und Selbstführung basiert. Es gründet neben der Stressforschung auf der Selbstwirksamkeitsforschung und auf der Motivationstheorie. Erwünschtes Zielverhalten soll verstärkt werden bzw. es sollen Strategien vorhanden sein, um gewünschtes Verhalten auch bei Misserfolgen weiterzuverfolgen, sich zu belohnen und als selbstwirksam zu erleben, was sich wiederum positiv auf das Selbstkonzept und die intrinsische Motivation auswirkt.

Dieser kompetente Umgang mit sich selbst wirkt sich positiv auf die Anforderung an Superleadership aus. Damit ist nicht die heroische Führungskraft im Sinne eines Super Leaders gemeint, sondern die Kompetenz, die Potenziale der Geführten zur Entfaltung zu bringen (Weibler, 2012). Superleadership soll die traditionelle Führungsrolle ablösen und die Brücke dahin sein, dass Gruppen einen Lernprozess durchlaufen können, in dessen Verlauf sie sich selbst steuern lernen.

Weibler kommentiert: *„Superführer ... müssen ... bestrebt sein, die neuen Rollen des Moderators, Beraters, Animators, Koordinators usw. exzellent auszufüllen."* Dies gelingt laut Weibler, indem sie Vorbild in Selbstführung sind. Sie ermutigen zu selbst gesetzten Zielen, schaffen positive Gedankenmuster, indem sie partizipieren lassen, unterstützen Selbstführung durch Belohnung und konstruktive Kritik, begünstigen Teamarbeit und ermutigen zu einer Selbstführungskultur.

3.3.7 Servant Leadership

Vor fast 40 Jahren prägte Robert Greenleaf den Begriff Servant Leadership und versteht darunter eine werteorientierte Haltung, wonach der Nutzen der anderen, der geführten Personen, Gruppen und der Organisation im Vordergrund steht, ohne dass dafür eine Gegenleistung erwartet wird. Diese Haltung findet Niederschlag in dem CSR-Konzept (Corporate Social Responsibility), der gesellschaftlichen Verantwortung von Organisationen.

Der Nutzen der geführten Personen steht im Vordergrund

Führungskräfte haben demnach die Aufgabe, ihre Mitarbeitenden in ihrer jeweiligen Persönlichkeit anzuerkennen und ihren Entwicklungsweg so zu unterstützen, dass diese Selbstsicherheit und Wohlbefinden entfalten können (Empowerment). Dies geschieht uneigennützig und wird folgendermaßen verwirklicht (Spears 1998, zitiert nach Weibler, 2012):

▶ Aktives Zuhören
▶ Empathie
▶ Heilung
▶ Bewusstsein

- ❯ Überzeugungskraft
- ❯ Konzeptualisierung von Visionen
- ❯ Voraussicht
- ❯ Treuhänderische Verantwortung
- ❯ Engagement zur Weiterentwicklung der Geführten
- ❯ Aufbau einer Gemeinschaft

Dieser Ansatz geht mit einer asketischen, altruistischen Haltung der Führungskraft einher, welche kompromisslos auf eigene Interessen verzichtet und glaubwürdig, kompetent und integer Verantwortung zum Wohle Dritter übernimmt. In der Konsequenz geht es um die Entwicklung einer Vertrauenskultur, in der sich auch spirituelle Werte niederschlagen. Der Begriff der „Heilung" ist in diesem Zusammenhang sehr zu hinterfragen.

3.3.8 Shared Leadership

Führung als Aufgabe von mehreren Personen gleichzeitig oder abwechselnd

Die traditionelle Vorstellung von Führung im Sinne der Zuordnung der Führungsrolle an eine Person wird im Konzept von Shared Leadership aufgehoben, da erfolgreiche Teams häufig weder formale Führungsstrukturen noch eine formale Führungskraft haben müssen (Weibler, 2012). Führung kann vielmehr als eine Aufgabe verstanden werden, die von mehreren Personen gleichzeitig oder abwechselnd ausgeführt wird. Diese übernehmen gemeinsam Verantwortung für die Lern- und Entwicklungsprozesse der Gruppe, deren Kommunikations- und Kooperationsprozess ein immer höheres Niveau erreicht.

In der Forschungsliteratur wird untersucht, welche Merkmale der Gruppe, der Aufgaben und von Kontextfaktoren für die Wirksamkeit dieses Führungsmodells wichtig sind. Diskutiert werden in diesem Zusammenhang eine gemeinsame Vorstellung über die Teamziele, gegenseitige soziale Unterstützung, gemeinsame Werte, Gestaltungsspielraum bei der Aufgabenerledigung, emotionale Kompetenz, Selbstführung, kognitive Fähigkeiten und die Gruppengröße, sowie die Begleitung durch Coaching.

Ein Paradigmenwechsel in den Führungsvorstellungen

Shared Leadership stellt einen Paradigmenwechsel in den Führungsvorstellungen dar, weg von einem eher traditionellen, vertikalen, heroischen Führungsverständnis, hin zu einem post-heroischen Führungsverständnis, welches relational ist und Aspekte der lateralen Führung beinhaltet. Führungsprozesse werden sozial interaktiv ausgehandelt. Damit ist der Weg gebahnt zu Collective Leadership bzw. zu demokratischer Führung.

Durch Shared Leadership entsteht auf alle Fälle eine hohe Flexibilität und Anpassungsfähigkeit, die insbesondere zu agiler Führung passt.

3.3.9 Agile Führung

Auch wenn Agilität aus der Projekt- bzw. Prozesssteuerung kommt, wandelt sie sich derzeit zu einem Führungskonzept. Dies geschieht in Zusammenhang mit Veränderungen in Organisationsstrukturen, die insbesondere solche Organisationen betreffen, die sich schnell und flexibel den dynamisch-verändernden Märkten anpassen müssen. Sparten- und Matrixorganisationen sind hierfür zu schwerfällig. In ihnen sind Befugnisse, Funktionen und Verantwortlichkeiten definiert und zugeordnet. Es wird festgelegt, was in welchen Zeitetappen erreicht werden soll, mit welchen Maßnahmen dies geschehen soll und wer welche Entscheidungen zu treffen hat. Dieser linearen Steuerungslogik wird eine zirkuläre, vernetzte Koordinationslogik entgegengestellt (von Ameln, 2018).

Zirkuläre, vernetzte Koordination

Mit Agilität wird Wendigkeit, Flexibilität, Beweglichkeit und Tempo assoziiert. Einerseits bezieht sich Agilität darauf, dass Unternehmen sich dynamisch den Marktanforderungen anpassen müssen, andererseits hat Agilität etwas mit Flow zu tun, dem Erleben, dass jemand in seinem Tun aufgeht, dabei hoch motiviert und in einem Zustand des Wohlbefindens ist. Hofert (2016) beschreibt Agilität als die Fähigkeit von Teams und Organisationen, in einem unsicheren, sich verändernden und dynamischen Umfeld flexibel, anpassungsfähig und schnell zu agieren, was auch soziale und kommunikative Aspekte beinhaltet. Agilität hat dabei nichts zu tun mit dem Verzicht auf Führung, sondern mit einem anderen Verständnis von Führung. Dies kommentiert Hofert so: *„Ein guter Dirigent wird nicht seine Vorstellungen an das Orchester administrieren, sondern die Kraft seiner Musiker aufnehmen und zusammenführen, lebendig, im Moment, aufeinander eingehend."*

Ein Paradigmenwechsel in der Steuerung von Organisationen stellte die Feststellung von Frederic Laloux (2014) dar, dass die Konzentration auf Prozesse statt auf Ziele sowie auf Dezentralisierung und selbstorganisierte Teams Unternehmen erfolgreicher mache. Damit wurde das Paradigma des „Management by Objectives" abgeschwächt.

Diese Führung kommt ohne Weisungsbefugnis aus und entspricht eher dem Konzept der lateralen Führung. Es geht darum, Einzelpersonen, Gruppen und Teams auf Augenhöhe zu begegnen und sie mit Impulsen und Visionen so zu begleiten und zu motivieren, dass sie sich dabei

Arbeit auf Augenhöhe

weiterentwickeln und ihre Leistung optimieren. Hierfür ist insbesondere Rollen- und Aufgabenklarheit nötig, auch Rollenflexibilität. Diese wiederum braucht Selbstführung im Sinne von Reflexion und Selbststeuerung.

Selbstorganisation

In der Führung von agilen Teams soll sich die Führungskraft überflüssig machen. Somit handelt es sich eher um Teamentwicklung mit dem Ziel, effektiv und effizient Ergebnisse zu erzielen, die mit Selbstverbesserung und Leistungsoptimierung einhergehen. Die Teammitglieder brauchen sich hierfür gegenseitig und sind gemeinsam verantwortlich für die erzielten Ergebnisse, wobei Diversität und komplementäre Fähigkeiten das Teamergebnis verbessern (s. Kap. 5.4.4: Führen in verteilten Teams). Wenn der äußere Rahmen abgesteckt ist, kann Selbstorganisation stattfinden. Die Führung dient dem Team bzw. den einzelnen Personen.

Kaltenecker (2017) beschreibt Selbstorganisation als freie Gestaltung von Arbeit innerhalb eines definierten Rahmens. Selbstorganisation bedeutet, dass durch Interaktion Regeln entstehen, indem sie verhandelt werden und zur Musterbildung beitragen. Solche Muster schaffen Struktur in einem anfänglich als Chaos erscheinenden System.

Führung wird personenunabhängig

Wenn Führung nicht mehr an eine Funktion mit bestimmten Machtbefugnissen gebunden ist, sondern eher ein Rollenkonzept wird, ist Führung personenunabhängig. Das heißt, sie kann durch unterschiedliche Personen, auch auf Zeit, eingenommen werden. Hierfür können Personen auch gewählt werden. Die Führungsrolle kann sogar auf mehrere Personen verteilt werden, z.B. im Scrum-Prozess auf einen Produkt-Owner und einen Scrum Master. Andersherum kann eine Person mehrere Rollen innehaben.

Die Kennzeichen von agiler Führung beschreibt Petry (2016) folgendermaßen: *„In der Digital Economy müssen Führungskräfte häufig mit mehreren Optionen ‚jonglieren' und ‚auf Sicht fahren'. Ein pragmatisches Ausprobieren und Lernen ist oft erfolgreicher als detaillierte Analyse und Planung. Es gilt, eine grundsätzliche Richtung vorzugeben, in Szenarien zu denken, sich mehrere Optionen offenzuhalten, schwache Signale frühzeitig aufzunehmen, mit Lösungsansätzen zu experimentieren und sehr schnell aus den gemachten Erfahrungen – dies beinhaltet ganz bewusst auch Fehler, die gemacht wurden – zu lernen. All dies lässt sich unter dem Oberbegriff Agile Führung subsumieren."*

Da es nicht mehr auf ein Vorsprungswissen der Führungskraft ankommt, geht es eher um geteilte Führung, bei der die kollektive Intelligenz der gesamten Organisation entwickelt und genutzt werden kann. Dies entspricht dem Konzept der partizipativen Führung, bei der Detailsteuerung an Teams abgegeben wird. Damit ist auch Kommunikationsfähigkeit in Kooperationsnetzwerken gemeint.

Die Selbstorganisation der Teams kann dabei folgende Themen umfassen (von Ameln, 2018):

- ▶ Optimierung von Arbeitsprozessen
- ▶ Vereinbarung von Leistungserwartungen
- ▶ Leistungsbeurteilung
- ▶ Qualitätssicherung
- ▶ Personalauswahl
- ▶ Personalentwicklung
- ▶ Entscheidung über Investitionen und über Entlohnung

Damit agile Zusammenarbeit, wie sie bisher beschrieben wurde, erfolgreich verläuft, müssen bestimmte Werte eingehalten werden. Hofert (2016) zählt folgende agile Werte auf:

Agile Werte

- ▶ Selbstverpflichtung (Commitment)
- ▶ Rückmeldung (Feedback)
- ▶ Fokus (Focus)
- ▶ Kommunikation (Communications)
- ▶ Respekt (Respect)
- ▶ Einfachheit (Simplicity)
- ▶ Offenheit (Openness)

An ihnen muss sich Führung orientieren, um Prinzipien der agilen Prozesssteuerung zu verwirklichen, die den Rahmen für agiles Handeln darstellen.

Agile Führung braucht eine Organisationskultur, die auf Motivation, Kooperation, Vertrauen, Leistungsbereitschaft und Identifikation über Sinnstiftung ausgerichtet ist (von Ameln, 2018). Es handelt sich dabei um „Servant Leadership", da es nicht um die Ausübung persönlicher Macht aufgrund von Rolle und Status geht, sondern darum, der Organisation, dem Team und den einzelnen Mitarbeitenden zu dienen.

Im Leipziger Führungsmodell, welches durch ein interdisziplinäres Autorenkollektiv an der HHL Leipzig Graduate School of Management entwickelt worden ist, wird normativ davon ausgegangen, dass die Würde jeder einzelnen Person zu respektieren ist und dass jede Person das Recht hat, ihre Zwecke im Spannungsfeld zwischen systemischer Abhängigkeit und Freiheit selbst zu setzen.

Leipziger Führungsmodell

Vier Dimensionen

Es werden dabei die Akteursebenen von Individuum, Organisation und Gesellschaft betrachtet (Meynhardt, 2018). Das Modell wird mit vier Dimensionen abgebildet:

1. *Purpose*: Welchem Sinn und Zweck dienen Führungsentscheidungen und Führungshandeln?
2. *Unternehmergeist*: Was bedeutet Handlungs-, Gestaltungs- und Innovationsfähigkeit?
3. *Verantwortung*: Ist das Handeln angemessen in seiner Auswirkung auf andere (Sozialbezug) und in seinem Zeitbezug (Nachhaltigkeit)?
4. *Effektivität*: Welche Strategien, Strukturen und Prozesse (Effizienz) führen zu wirksamen Ergebnissen (Sachbezug)?

Führungsmacht legitimiert sich im Sinne von „Servant Leadership" über den motivierenden Wertbeitrag auf einer individuellen, einer organisationalen und einer gesellschaftlichen Ebene (Purpose), also einem übergeordneten Zweck, und dient nicht der Machtausübung von einzelnen Personen durch Ressourcenverteilung, Informationskontrolle und Personalentscheidungen. Die Führungshaltung ist eher gekennzeichnet durch Demut, Akzeptanz von Spannung und Unklarheit in einem komplexen Umfeld. Damit schützt sie sich vor überhöhten Erwartungen. Selbstreflexion zur Rollenklarheit ist hierfür unabdingbar.

Agile Führung vereinigt somit einige der aktuellen Führungsmodelle und lässt sich auch dem Konzept von Complexity Leadership zuordnen.

3.3.10 Complexity Leadership

Der Umgang mit Komplexität gehört zu den großen Herausforderungen aktueller Führungs- und Managementkonzepte. Komplexität entsteht durch die Vielzahl und Veränderlichkeit von Systemelementen und deren Kombinationsmöglichkeiten.

Kennzeichen von Komplexität

Komplexität wird traditionellerweise anhand der Anzahl der Variablen in der gegebenen Situation definiert. Zum Lösen des Problems ist es daher notwendig, Informationen zu reduzieren. Kennzeichen von Komplexität sind:

> ➤ *Vernetztheit*: Die Variablen der Problemsituation sind untereinander stark vernetzt. Der Grad der Vernetztheit kann dabei allerdings variieren. Eine Variable kann mit einer weiteren bis

hin zu allen weiteren Variablen vernetzt sein. Daher besteht die Notwendigkeit zur Strukturierung der Informationen.

▶ *Eigendynamik*: Die Variablen des Systems können sich auch ohne Zutun des Problemlösers über die Zeit verändern. Diese Veränderungen sind meist nicht vorhersehbar, wodurch schnelle Entscheidungen erforderlich werden.

▶ *Intransparenz*: Bei einem komplexen Problem sind nicht immer alle Informationen zugänglich. Teilweise sind die Informationen nicht vorhanden und teilweise in der aktuellen Situation noch nicht verfügbar. Daher müssen Informationen aktiv beschafft werden.

▶ *Vielzieligkeit*: Komplexe Probleme enthalten mehrere, teilweise widersprüchliche Ziele. Der Problemlöser muss deshalb Prioritäten setzen und Kompromisse eingehen.

Mit Komplexitätstheorie und Komplexitätsforschung beschäftigen sich unterschiedliche wissenschaftliche Disziplinen. Die Themen reichen von der Materialforschung über die Zellforschung, die Erforschung von Ameisenstaaten, Algorithmen und künstlicher Intelligenz bis hin zu Schwarmintelligenz, Marktmechanismen und Organisationen. Im Fokus stehen Selbstorganisation, Adaptation, Musterbildung, Ordnungskraft, Evolution, Emergenz (das Herausbilden neuer Eigenschaften oder Strukturen) und verteilte Intelligenz. Ohne dass eine zentrale Steuerung stattfindet, entsteht aus der Interaktion von Subsystemen eine Intelligenz, die weder die einzelnen Teile noch eine gezielte Steuerung hervorgebracht hätten.

Komplexitäts- forschung

Weibler (2012) überträgt dies auf den Organisationskontext und fordert in diesem Zusammenhang dezentral operierende Unternehmenseinheiten, die als eigenständige Problemlöse- und Entscheidungszentren eine hohe Informationsdichte parallel und flexibel verarbeiten und anpassen können. Laterale Entscheidungsprozesse und ein dichtes Beziehungsnetzwerk mit kurzen Feedback-Schleifen lassen besonders gut funktionierende Untereinheiten noch stärker und positiver werden.

Subsysteme werden zum Veränderungs- motor des Gesamtsystems

Diese werden zum Veränderungsmotor für das Gesamtsystem, welches schrittweise und aufeinander aufbauend durch das Zusammenspiel von funktionierenden Untereinheiten wächst. Dem dadurch wiederum steigenden Komplexitätsgrad wird mit Unterteilung in Untereinheiten begegnet. Dabei soll möglichst Heterogenität und Diversität ermöglicht werden, da sie die Kreativität und die Anpassungsfähigkeit an sich verändernde Umgebungsbedingungen fördern. Führungsaufgabe ist es, Bedingungen zu schaffen, dass sich Funktionsfähigkeit und Vielfalt in einem guten Verhältnis befinden und nicht zu Überforderungen führen.

Fehlerkultur Fehlern kommt dabei der Stellenwert von Lernchancen für das Gesamtsystem zu, somit sind sie wichtig und unumgänglich. Damit gehen permanente Ungleichgewichtsphänomene einher. Anhaltende Stabilität würde zum Stillstand führen. Somit wird der fortwährende Wandel als unabdingbares Entwicklungsinstrument des Systems unterstützt und hervorgerufen, z.B., indem divergierende Ziele verfolgt werden.

Um diesen Anforderungen gerecht zu werden, muss Führung im Sinne von Adaptive Leadership für den permanenten Adaptations- und Innovationsprozess sorgen. Führungskräfte führen nicht, indem sie mit Visionen begeistern und Menschen zur Zielerreichung motivieren, sondern indem sie selbstorganisatorische Prozesse, d.h. die Interaktion zwischen den Systemmitgliedern, unterstützen und für einen Ungleichgewichtszustand sorgen. Personen suchen dann selbst nach Lösungen und es entsteht der Freiraum für sich verbessernde, kollektive Entwicklungsleistungen. Diese Prozesse können weder verordnet noch kontrolliert werden, adaptive Selbstorganisation kann nur ermöglicht werden. Führende Personen stabilisieren nicht, sondern sie irritieren. Sie beseitigen keine Konflikte, sondern nutzen deren Potenzial. Sie lösen keine Probleme, sondern ermächtigen andere zu Problemlösungen. Ihre Aufgabe ist es, Vorgänge gemeinsam mit den Geführten zu reflektieren und dabei Sinn und Bedeutung herzustellen.

3.3.11 Netzwerkzentrische Führung

Um Agilität zu verwirklichen werden Netzwerkorganisationen gebildet, die aus Zellen bestehen, die sich selbst verwalten und in denen Führung auf eine besondere Art stattfindet.

Soziokratie Der Begriff Soziokratie wurde bereits im 19. Jahrhundert von Auguste Compte geprägt, von dem Amerikaner Lester Frank Ward aufgenommen und im 20. Jahrhundert von Kees Boeke auf eine Form der Regierung und des Managements übertragen. Sein Schüler Gerard Endenburg hat in den 70er-Jahren des 20. Jahrhunderts den soziokratischen Ansatz in seinem Unternehmen umgesetzt.

Das Konsentprinzip Ein Kennzeichen der Soziokratie ist das Konsentprinzip. Im Unterschied zum Konsensprinzip, bei dem Einigkeit in Gruppenentscheidungsprozessen gefordert ist, bedeutet Konsent, dass eine Idee, eine Maßnahme, eine Lösung weiterverfolgt werden kann, wenn es keine triftigen Argumente und Gründe gibt, die dagegensprechen. Strauch & Reijmer (2018) definieren noch drei weitere soziokratische Prinzipien. Hierzu gehören die Kreisstruktur, wobei ein Kreis seine Grundsatzentscheidungen selbst trifft (Ziele, Maßnahmen zur Zielerreichung, Verteilung der Aufgaben und Funktionen, Weiterbildung, Einstellung und Entlassung). Weiterhin gehört dazu die doppelte Koppelung der Kreise. Das bedeutet, dass zwei Personen einen Kreis in den jeweils übergreifenden Kreisen (Managementkreis, geschäftsführender Kreis) vertreten. Es handelt sich dabei um die vom Kreis gewählte leitende Person und eine delegierte Person. Das dritte Basisprinzip ist die offene Wahl von Personen für Aufgaben und Funktionen.

Die Kreisstruktur

Die Führungsaufgabe ist aufgeteilt. So gibt es pro Kreis vier Rollen.

Vier Rollen pro Kreis

1. *Gesprächsleitung* (bereitet Treffen vor und sorgt für effektive Versammlungen, bei denen Beschlüsse im Konsent getroffen werden)
2. *Kreisleitung* (beruft Kreisversammlungen ein, koordiniert die Arbeit und unterstützt die Mitglieder, vertritt die Ziele und ihre Umsetzungsprozesse in anderen Kreisen)
3. *Delegierte* (vertritt die Mitglieder im nächsthöheren Kreis)
4. *Sekretär* (verantwortet das Logbuch zur Ergebnissicherung und legt Themen wieder vor)

Ein Beispiel netzwerkorientierter Führung ist das Konzept der Holokratie (Synonym Holakratie). Die Organisation besteht aus Kreisen, welche autark Entscheidungen treffen und jeweils Mitglieder in andere Kreise entsenden, sowohl in über- als auch in untergeordnete Kreise. Alle Stimmen sind gleichberechtigt, auch die der Delegierten. Innerhalb der Kreise werden Rollen definiert, welche bestimmte Aufgaben innehaben. Es geht darum, praktikable Lösungen schnell zu finden bzw. zu verwerfen, wenn sie sie sich nicht bewähren. Der Aufbau, die Rollen und die Kommunikationskanäle werden in der Holokratie-Verfassung beschrieben (https://github.com/holacracyone/Holacracy-Constituti-on-4.1-GERMAN/blob/master/Holacracy-Verfassung-(in-construction). md, eingesehen am 04.02.19):

Das Konzept der Holokratie

Die Holokratie-Verfassung

▶ Die autarke Gestaltung von schnellen Prozessen, die umsetzbare Lösungen liefern, ist wichtiger als das Einhalten von Vorgaben und Strukturen
▶ Das Team ist wichtiger als das Ich
▶ Die Rolle ist wichtiger als eine Position
▶ Das Ergebnis ist wichtiger als Macht

Kollaborative und partizipative Beziehungen sind somit Kennzeichen einer netzwerkzentrischen Führungskultur, welche weggeht von einer hierarchischen, organisationszentrischen Beziehungsgestaltung, wie Stippler et al. (2017) ausführen. Die AutorInnen beziehen sich auf Mc Gonagill und Dörffer (2010), welche folgende sieben Merkmale für das neue Leadership-Paradigma definierten:

Sieben Merkmale

1. Führung als Aktivität anstatt als Rolle
2. Verständnis von Führung als kollektivem Prozess
3. Von organisationszentrischer hin zu netzwerkzentrischer Führung
4. Von Organisationen als „Maschinen" hin zu Organisationen als „Organismen"
5. Von der Planung und Kontrolle hin zum Lernen und Anpassen
6. Notwendigkeit neuer Führungsqualitäten
7. Von Generation X hin zu Generation Y

Führung in netzwerkförmigen Clustern innerhalb und außerhalb von Organisationen hat die Aufgabe, die Funktionstüchtigkeit der Netzwerke in ihren Abhängigkeiten voneinander sicherzustellen. Dies muss dem Gesamtgebilde im Sinne von Wertschöpfung und Überlebenssicherung dienen.

3.3.12 Integrale Führung

Zwischen den dargestellten Führungskonzepten gibt es Gemeinsamkeiten und verbindende Elemente, wie z.B. das Empowerment von Mitarbeitenden und Teams, die Stärkung ihrer Selbstwirksamkeit und ihrer Entfaltungsmöglichkeiten, ihrer Kreativität und Selbstführungskompetenz. Emotional intelligentes Verhalten mit Werteorientierung und einer dienenden Haltung kennzeichnen eine Führung, die es organisationalen Systemen ermöglicht, sich aus sich selbst heraus so zu entwickeln, dass eine funktionsfähige Anpassung an sich ständig ändernde und komplexe Umgebungsbedingung erfolgen kann.

Die Übung „Meine Führungswerte" finden Sie in den Download-Ressourcen

Es stellt sich die Frage, inwiefern die Koexistenz unterschiedlicher Paradigmen in einer Organisation möglich ist. So ist es ein großer Unterschied, ob transformationaler Führung mit einer visionären Führungskraft, die andere begeistern und bewegen kann, der Vorzug gegeben wird oder einem Führungsverständnis, bei dem nicht die Führungskraft Vision und Ziel vorgibt, sondern aufgrund von systemischen Selbstorganisationsprozessen emergente Entwicklungen gefördert und akzeptiert werden. Führung in Netzwerkstrukturen und die Verbindung von administrativen und adaptiven Führungsmodellen sind noch selten, sodass wenig Erfahrungswerte oder gar Forschungsergebnisse vorliegen würden.

Bei Weibel (2012) findet sich der Begriff der integralen Führung für ein Führungsmodell, das individuelle, interaktive und strukturelle Perspektiven verbindet. Petry (2016) spricht von einer Pendelbewegung, die es ermöglicht, Kontrolle aufzugeben und trotzdem Führung zu behalten bzw. den Spagat zwischen Offenheit und Führung zu ermöglichen. Es geht somit nicht um die komplette Auflösung von Führungs- und Entscheidungshierarchien, sondern um deren Verflachung bzw. darum, dass sich Kommunikation und Interaktion vom Hierarchiedenken lösen. So behalten Führungskräfte die Verantwortung für die Ziele und Zielerreichung, die Mitarbeitenden bzw. die Teams erhalten Freiräume, wie sie die Zielerreichung gestalten. Im Sinne der Ambidextrie müssen Führende situationsangemessen entscheiden, wann Offenheit, Transparenz und Partizipation angebracht sind, z.B. wenn es um innovative, schnelle, adaptive Lösungen gehen soll – oder wann Effektivität, Strukturierung und Planbarkeit nötig sind (Petry, 2016; Welpe et al., 2018).

Ambidextrie – der Spagat zwischen Offenheit und Führung

Integrale Führung kann auch der Anforderung nach einer Verbindung von individueller und kollektiver Führung gerecht werden.

P. Künkel (2017) bezeichnet kollektive Führung als einen Paradigmenwechsel der Führung und hat hierfür einen Kompass entwickelt, der sechs Führungsdimensionen für kollektives Führen enthält.

Sechs Dimensionen der kollektiven Führung

1. Aktive Gestaltung der Zukunft
Zu dieser Dimension gehören Zukunftsorientierung, Empowerment und Entschiedenheit. Die Zukunftsorientierung wird beispielsweise mit Visionsentwicklung und Lösungsorientierung sowie mit Veränderungsbereitschaft auf der individuellen Ebene dargestellt. Auf der kollektiven Ebene geht sie damit einher, die Schlagkraft und das Wirkungspotenzial der Kooperation aller relevanten Akteure aufzeigen zu können. Empowerment geschieht individuell durch Inspiration, Begeisterung und Leidenschaft, kollektiv durch die Beteiligung und den Kompetenzaufbau aller Interessengruppen. Entschiedenheit zeigt sich beispielsweise durch Durchhaltewillen, Fokus, Disziplin und Entscheidungsfreude bzw. durch klare Zielvorgaben und Planung von Gestaltungskorridoren für kollektive Systeme.

2. Systemische Einbindung
Über Prozessqualität durch Prozessdesign, Transparenz, Rollenklarheit und gemeinsame Planung, über Vernetzung und kollektives Handeln, bei welchem Rollen, Verantwortungen, Ziele und Umsetzungsstruk-

turen geklärt werden, sollen funktionierende Kooperationsstrukturen aufgebaut werden, damit Veränderungsprozesse mit unterschiedlichen, eingebundenen Akteuren gesteuert werden können.

3. Innovation

Kreativität, Exzellenz im Anspruch und Agilität stellen die Kompetenzen dar, mit denen Neues entstehen kann.

4. Menschlichkeit

Zu einem konstruktiven Miteinander führt Achtsamkeit, sowohl als Selbstreflexion als auch als kollektive Reflexion, die die Beobachtungsgabe stärkt und eine Haltung des Nichturteilens begünstigt. Weiterhin wird diese Dimension gestärkt durch den Ausgleich von Lebensbalancen, von Prozessen und Strukturen, Beziehungen und Inhalt. Empathie ist die Grundlage für gegenseitiges Verständnis und Akzeptanz von Unterschiedlichkeiten.

5. Kollektive Intelligenz

Diese Dimension, die sich auf die Fähigkeit zum Führen von guten Dialogen und konstruktivem Austausch bezieht, wird definiert über die Qualität von Dialogen, wozu sowohl das Kommunikationsverhalten als auch das Strukturieren effizienter Meetings oder auch die Gestaltung einer positiven Gesprächsatmosphäre informeller Gespräche gehören. Diversität wird in einem positiven Sinne gelebt, wenn Unterschiedlichkeiten toleriert und konstruktiv genutzt werden. Iteratives Lernen geschieht durch gemeinsame Reflexionen, Feedback und Fehlertoleranz, wodurch schnelle Anpassungen möglich werden.

6. Ganzheitlichkeit

Hierzu gehört die Fähigkeit zur Kontextbezogenheit, was mit systemischen Betrachtungsweisen von unterschiedlichen Perspektiven und ihren Wechselwirkungen einhergeht. Gegenseitige Unterstützung fördert Stärken, kooperatives Verhalten und mobilisiert Netzwerke. Der sinnhafte Beitrag entsteht, wenn Erfolg und Bedeutung verbunden werden können, wenn Gemeinwohl und ein größeres Ziel in den Vordergrund rücken.

Diese Aufzählung greift nochmals viele Aspekte der genannten aktuellen Führungskonzepte auf. Diese fließen in die Anforderungen an Digital Leadership ein. Die Besonderheiten ergeben sich aus der medialen Umsetzung, welche das Vorgehen, die Kommunikation, das Beziehungsmanagement, die Erwartungshaltung und die Umsetzungsmöglichkeiten entscheidend beeinflusst.

Im folgenden Kapitel 4 werden nach der Begriffsdefinition und Klärung des Führungsverständnisses von Digital Leadership und seiner Voraussetzungen diejenigen Führungskonzepte in einer Übersicht zusammengestellt, die für Digital Leadership bedeutsam sind.

4 Digital Leadership

> „Es ist nicht mehr die ordnende, managende, entscheidende und den Weg konkret vorgebende Führung, sondern die coachende, entwickelnde, moderierende und unterstützende Führung, die das Ziel am Ende des Weges oder die Vision hinter dem Horizont ausruft."
> (Hofert, 2016)

Führen auf Distanz, Remote Leadership, Distance Leadership und E-Leadership sind Begriffe, die häufig synonym mit Digital Leadership gebraucht werden. Da die Digitalisierung inzwischen zum Schlagwort geworden, spricht man von der digitalen Transformation, von Digitalisierungsstrategien und von digitalen Organisationen. So gesehen ist der Begriff Digital Leadership gegenüber den anderen der zeitgemäße.

4.1. Definition von Digital Leadership

Seit Jahren befasst sich die Literatur mit Digital Leadership. So spricht bereits im Jahr 2008 Müller von einer „stillen Revolution" in der Personalführung, wenn er sich auf den zunehmenden Einsatz von Informations- und Kommunikationstechnologien im Zusammenhang mit Führung bezieht.

Einige Jahre später geht Buhse (2014) bei seiner Definition von Digital Leadership davon aus, dass klassische Vorgehensweisen der Führung und des Managements mit Möglichkeiten des Internets verknüpft werden, um daraus zeitgemäße und erfolgreiche Verbindungen herzustellen.

Damit ist gemeint, dass die klassischen Managementaufgaben wie Ziele und Strategien definieren, die Zusammenarbeit organisieren, Kommunikation sicherstellen, Führungsinstrumente einsetzen und Innovationsfähigkeit herstellen nach wie vor gelten, aber sich eben durch die Online-Möglichkeiten verändern müssen. Dabei spielen das Agile Mindset und agile Vorgehensweisen in kurzen Zyklen mit vielen Rückkoppelungsschleifen und Fehlertoleranz eine wichtige Rolle. Buhse beschreibt die Kunst von Digital Leadership als anforderungsbezogenen Wechsel zwischen vernetzten und hierarchischen Führungsmustern (s. Kap. 3.3.12: Integrale Führung). Dabei gilt es zu berücksichtigen, dass Zukunft nicht im Sinne einer kausalen Logik vorhersagbar ist, sondern dass es vielmehr darauf ankommt, mit einer agilen Entscheidungslogik mit Stakeholdern in co-kreativen Prozessen Entscheidungen über Produkte und veränderliche Ziele zu treffen. Risiken und vorhandene Ressourcen werden pragmatisch betrachtet, Zufälle und situative Umstände genutzt.

Klassische Management- aufgaben verändern sich durch die Möglichkeiten der digitalen Welt

Dabei kann man davon ausgehen, dass es bei einer Koevolution zu einer wechselseitigen Beeinflussung von Technologie, menschlichem Handeln und organisationalen Strukturen kommt. Es ergeben sich also verschiedene Felder der Zusammenarbeit, was in Abb. 6 veranschaulicht wird.

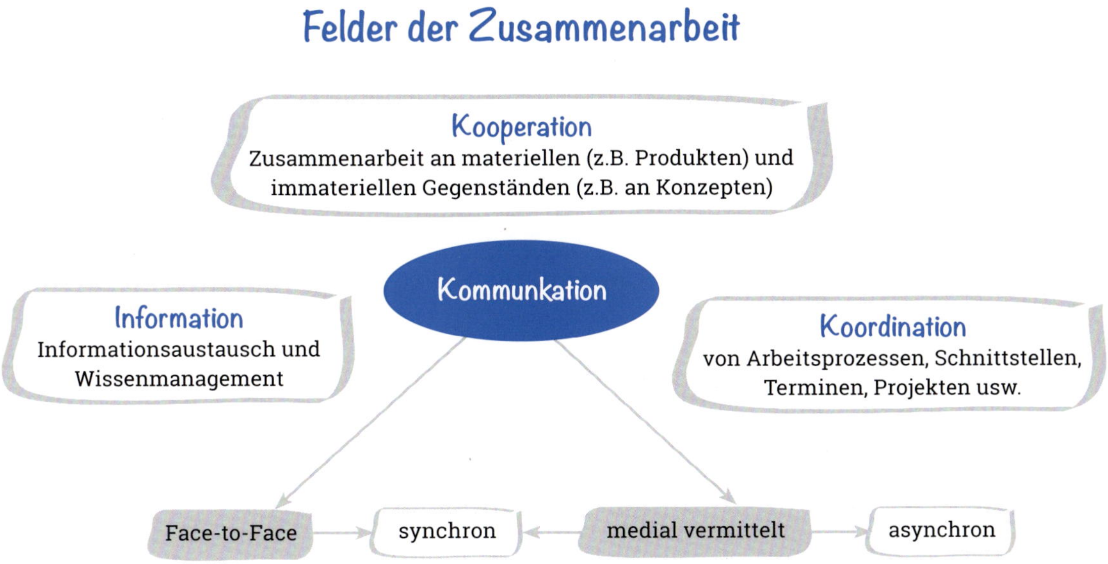

Abb. 6: Felder der Zusammenarbeit nach Müller (2008)

Felder der Zusammenarbeit

Kooperation
Zusammenarbeit an materiellen (z.B. Produkten) und immateriellen Gegenständen (z.B. an Konzepten)

Kommunkation

Information
Informationsaustausch und Wissenmanagement

Koordination
von Arbeitsprozessen, Schnittstellen, Terminen, Projekten usw.

Face-to-Face → synchron ← medial vermittelt → asynchron

Für die Gestaltung all der in der Abbildung dargestellten Aktionsfelder und ihrer Wechselwirkungen ist Führung verantwortlich. Sie kann, medial vermittelt, sowohl synchron als auch asynchron vonstatten gehen.

Die folgende Definition von Digital Leadership fasst einige der bereits beschriebenen Aspekte zusammen und wird im weiteren Verlauf dieses Kapitels genauer ausgeführt und hergeleitet.

Definitionen
Digital
Leadership

> **Digital Leadership** ist Führung über Medien, die die Möglichkeiten der virtuellen Zusammenarbeit und der Online-Kommunikation professionell für die Steuerung von Organisationen nutzt, agile, zielführende Führungsprozesse mit entsprechender medialer Tool-Unterstützung zur Erreichung der Organisationsziele ermöglicht, die hierfür nötige IT-Infrastruktur schafft und Mitarbeitende und Teams in die Lage versetzt, ihre Aufgaben selbstverantwortlich und medienkompetent zu gestalten, sich medial zu vernetzen und vertrauensvoll auszutauschen sowie sich weiterzuentwickeln.

Wenn digitale Führung auf diese Art und Weise ausgeübt wird und wenn Online-Tools und Prozessformate entstehen, die auf professionellen Führungsabläufen beruhen, so können Führungsprozesse auch digital gesteuert werden. Somit kann Digital Leadership auch folgendermaßen definiert werden:

> **Digital Leadership** ist die Digitalisierung von Führung!

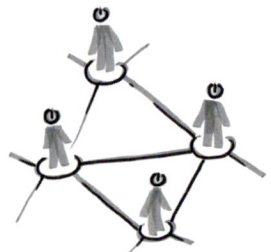

4.2 Führungsverständnis bei Digital Leadership

Zimmermann et al. (2008) stellten in ihrer Studie zu E-Leadership bei einer Befragung von 412 Experten aus 42 globalen Teams fest, dass die Kombination von Aufgabenorientierung und Beziehungsorientierung bei virtuellen Teams besonders wichtig ist. Sie fanden folgende Aspekte für erfolgreiches Führen von virtuellen Teams:

- Organisation der Interaktion zum Aufbau von Beziehungen
- Erreichbarkeit der Teammitglieder
- Gemeinsame Werte

Eine Herausforderung in virtuellen Teams stellt die Entwicklung von Vertrauen dar. Eine soziale Kontrolle im Sinne von Überwachung ist nicht in der Form möglich und wünschenswert wie ggf. bei räumlich verbundenen Teams.

Wie gelingt virtuelle Vertrauensbildung?

Es stellt sich somit die Frage, wie Vertrauensbildung virtuell gelingen kann. Laut Avolio (2001, zit. nach Weibler, 2012) ist transformationale Führung hierfür geeigneter als transaktionale Führung. Dies geschieht durch die positive Wahrnehmung von Fähigkeiten und Wohlverhalten der Gruppenmitglieder, durch eine positiv aufgeladene Atmosphäre, auch im Sinne von Positive Leadership. Dies wird erleichtert durch medienreichhaltige Technologien, die verschiedene Informationskanäle nutzen, zeitnahes Feedback ermöglichen und Nachrichten personalisieren. Entscheidend ist die Möglichkeit zu häufiger Interaktion und einer gemeinsamen Vision, die eine gemeinsame Identität aufbaut.

Müller (2008) führte eine qualitativ empirische Untersuchung durch, um Gestaltungsempfehlungen für die effektive und effiziente Unterstützung der Personalführung durch neue Medien zu geben. Sie basiert auf einer Online-Befragung von 2.000 deutsch-schweizerischen Unternehmen mit einem Rücklauf von 432 antwortenden Unternehmen. Die befragten Personalverantwortlichen sahen folgenden Medienmix als dominierend für die Zukunft an:

Auf der Suche nach dem geeigneten Medienmix

- Face-to-Face-Kommunikation
- E-Mail/Voicemail
- Internet/Intranet
- Dokumentenmanagementsysteme
- Teamkalender
- Mobiltelefon
- Workflow-Managementsysteme
- Telefon/Telefonkonferenz
- Bulletinboard/Newsgroup/Diskussionsforum
- Voice over IP
- Dokumente/Briefpost

Bereits 2008 wurde den Medien einen nicht mehr wegzudenkenden Stellenwert eingeräumt. In den zusätzlich durchgeführten qualitativen Interviews zeigte sich, dass sich Führungskräfte durch den Einsatz von Medien deutlich entlastet fühlten. Sie gingen davon aus, dass sich Medien gut eignen, um Werte zu vermitteln und um zu motivieren und zu verstärken. Es wurden viele weitere Chancen gesehen, z.B. administrative Effizienzsteigerung, zeitgerechte Einflussnahme, Zeitgewinn, eine höhere Attraktivität als Arbeitgeber oder Kulturbildung. Als Risiko wurde die konzeptlose, überhastete und die Mitarbeitenden überfordernde Einführung, schlechte Ausgestaltung der Instrumente, dauernde Verfügbarkeit, fehlende Unterstützung des Top-Managements, Probleme bei Datenschutz und Datensicherheit genannt.

Es ist zu beachten, dass es sich um eine über 10 Jahre alte Studie handelt, die bereits klare Tendenzen zeigt. Manche Instrumente, wie etwa Videokonferenzen und virtuelle Sitzungsräume sind heute in vielen großen Organisationen längst eine Selbstverständlichkeit. Es werden multimediale Plattformen eingesetzt, die viele Möglichkeiten der interaktiven Zusammenarbeit bieten und Tools hierfür bereitstellen.

Boos et al. (2017) führen aus, dass bei einem höheren Grad an Virtualität der Einfluss hierarchischer, transformationaler Führung auf die Leistung geringer wird, während der Einfluss struktureller Unterstützung von Teams durch Informations- und Kommunikationssysteme sowie von Gratifikationssystemen steigt. Sie propagieren in diesem Zusammenhang die Bedeutung von Shared Leadership, da sich dieses Führungsverhalten ebenfalls sehr positiv auf die Teamleistung auswirken würde. Somit sollten verteilte Teams dazu angeregt werden, kollektiv Verantwortung für die Teamleistung zu übernehmen und intern abwechselnd Führung auszuüben. Dabei ist es entscheidend für das Vertrauen in die Teamleitung, dass konstruktive Beiträge zur Ziel- und Aufgabenerledigung bzw. deren Steuerung gemacht werden. Bei steigendem Vertrauen kommt es weniger zur informellen, ausführlichen und persönlichen Kommunikation, sondern eher zu kürzeren Interaktionen mit aufgabenbezogenem Problemlöseverhalten.

Digital Leadership vereint viele Führungs-konzepte

In Tabelle 8 (Folgeseite) werden diejenigen Führungskonzepte zusammengefasst, auf die sich Digital Leadership stützt:

Führungskonzept	Bezug
Transformationale Führung	... im Sinne von Motivation durch eine geteilte Vision, die eine gemeinsame Identität aufbaut
Positive Leadership und Neuroleadership	... mit emotional intelligenter Führung zur Gestaltung eines unterstützenden sozialen Klimas
Shared Leadership, laterale Führung und ggf. netzwerkzentrische Führung	... zur Übernahme kollektiver Verantwortung und Ausübung von Führung als austauschbarem Rollenmodell
Servant Leadership	... durch Empowerment und Coaching zu eigenständigen Problemlösungen der Mitarbeitenden bei der Erreichung von Organisationszielen
Mindful Leadership	... zur Unterstützung von Selbstregulation und damit zur Entlastung aller Beteiligten
Salutogenetische Führung	... zur Förderung der persönlichen und organisationalen Resilienz
Agile Führung	... zur Umsetzung des agilen Mindsets und agiler Vorgehensweisen
Complexity Leadership	... zum Umgang mit Komplexität
Integrale Führung	... durch die kontextabhängige Verbindung verschiedener Vorgehensweisen

Tabelle 8: Führungskonzepte für Digital Leadership

Viele Autoren (z.B. Boos et al., 2017; Hofert, 2016; Brandes-Visbeck & Gensinger, 2017) empfehlen externes Coaching zur Begleitung der Teams und Stärkung ihrer Selbstkompetenz. Da die Fähigkeit zu aufgabenbezogenem Problemlöseverhalten eine explizite Coaching-Kompetenz darstellt, verlangt die Entwicklung von Digital Leadership den Erwerb von Coaching-Kompetenzen für Führungsrollen. Dies geht mit der Entwicklung einer Haltung der Wertschätzung, des Respekts, der Empathie und der Achtsamkeit einher, wie sie von vielen der aktuellen Führungskonzepte, die für Digital Leadership eine Rolle spielen, gefordert werden. Die Entwicklung einer Coaching-Kultur, die mit einer Coaching-Haltung und mit Coaching-Kompetenzen umgesetzt wird, ist demnach die Basis, auf der sich Digital Leadership professionell entfalten kann.

Externes Coaching für die Begleitung von Teams und zur Stärkung ihrer Selbstkompetenz

Stärkung der Coaching-Kompetenz

4.3 Digital Leadership braucht eine Coaching-Kultur

Eine Coaching-Kultur geht mit bestimmten Werten und Normen, einer Führungshaltung, mit bestimmten Formen der Gesprächssteuerung und Gesprächsführungsmethoden einher (Webers, 2015). Führungsvorstellungen, die sich in Digital Leadership verwirklichen, entsprechen dem Grundverständnis von Coaching bzw. Online-Coaching, wie es im Coaching-Konzept der Karlsruher Schule entwickelt und gelehrt wird. Es basiert auf klientenzentrierten, hypnosystemischen und neurowissenschaftlichen Grundlagen. Daraus werden standardisierte Prozessabläufe für verschiedene Coaching-Formate abgeleitet, die auch online abgebildet werden können.

Da das Konzept und die Vorgehensweise bereits mehrfach beschrieben worden sind (Berninger-Schäfer, 2010; 2015; 2018), wird hier nur kurz das grundlegende Verständnis des Ansatzes der Karlsruher Schule skizziert, das sich auf Führungsverhalten anwenden lässt.

Definition Coaching

> **Coaching** dient der Reflexion von Themen und Klärung von Veränderungsanliegen, um in einem systematischen, strukturierten und lösungsorientierten Begleitprozess selbstkongruente Ziele zu finden, Selbstwirksamkeit und Ressourcen zu stärken und Maßnahmen zur Zielerreichung mit einer größtmöglichen Transferwahrscheinlichkeit zu planen bzw. umzusetzen.

Zu den Kennzeichen dieses Coaching-Konzepts gehört die Orientierung an systemischen Zusammenhängen und Wechselwirkungen sowie an Ressourcen, Zielen und Lösungen, die maßgeschneidert für die Einzelperson, Gruppe, das Team, die Organisation im Zusammenwirken von Person, Situation und Organisation umgesetzt werden.

Die Führungskraft als Coach

Im Führungskontext geht es darum, Mitarbeitende dazu anzuregen, Ihre Stärken zu nutzen und Kompetenzen zu entfalten, sie zu eigenständigen Problemlösungen zu ermächtigen und ressourcenaktivierende, ziel- und lösungsorientierte Prozesse zu steuern. Dabei werden Achtsamkeit und Selbstreflexion erhöht, Selbstständigkeit, Selbststeuerung und Selbstverantwortung werden unterstützt und Handlungsspielräume erweitert. Des Weiteren kommt es zu einer Werte-Sinn-Reflexion und einer Stärkung der Selbstwirksamkeit und Motivation. Es geht um den konstruktiven Umgang mit sich und anderen, um Konfliktmanagement, Krisenbewältigung und Selbstentfaltung.

Die dahinterliegenden Werte entsprechen den Werten der humanistischen Psychologie. Nach dem Konzept der „Fully Functioning Person" von Carl Rogers haben Menschen die Tendenz, ihr Leben zu gestalten und sich zu entfalten. Sie sind nicht defizitär, sondern streben nach Selbstverwirklichung (Rogers, 1972).

Diese Sichtweise geht mit dem Respekt vor der Einzigartigkeit jedes Individuums, mit Wertschätzung, Achtung und Empathie einher. Dahinter steht die Grundannahme, dass jeder Mensch über Ressourcen verfügt und die Lösung von Problemen bereits in sich trägt. Es geht nicht um Vorgabe von Lösungswegen, sondern darum, das Gegenüber prozesshaft so zu begleiten, dass die Ressourcen aktiviert werden können und das Auffinden von Lösungen aus eigener Kraft geschehen kann. Hierzu ist es wichtig zu wissen, wie eine solche Prozesssteuerung aussieht. Neurowissenschaftliche Befunde (s. Kap. 3.3.2: Neuroleadership) und Studien der Positiven Psychologie (s. Kap. 3.3.4 Positive Leadership) bestätigen hypnosystemische Vorgehensweisen, wonach es darum geht, die Aufmerksamkeit auf Lösungsbedingungen und nicht auf Problemursachen zu lenken und Menschen in ganzheitliche, emotional positiv besetzte Zustände zu begleiten. Ganzheitlich bezieht sich hierbei darauf, dass Erlebenszustände immer aus kognitiven, emotionalen und physiologischen Aspekten bestehen. Diese sind als neuronale Muster abbildbar, es handelt sich um sog. Musterzustände. Sie wurden ausführlicher beschrieben bei Berninger-Schäfer (2018) sowie bei Wolf (2014).

Systemisch-lösungs-orientiertes Grundverständnis

Wenn es im Sinne von transformationaler Führung darum geht, über Visionen zu begeistern und zu motivieren, wird über emotional positive Zustände gearbeitet. Aus der Motivations- und Embodimentforschung (Damasio, 1997; Gigerenzer, 2007; Heckhausen & Heckhausen, 2010; Hüther, 2006; Storch, 2005; Storch et al., 2011) ist bekannt, dass nur solche Ziele eine Wahrscheinlichkeit haben, in Handlungen umgesetzt zu werden, die im Erfahrungsgedächtnis emotional positiv besetzt sind. Es handelt sich hierbei um unbewusste Vorgänge im limbischen System, die zu aktivieren besondere Gesprächsführungstechniken erfordern (Berninger-Schäfer, 2017).

Einen kleinen Leitfaden zum Ablauf eines Coachings finden Sie in den Download-Ressourcen

Im systemisch-lösungsorientierten Coaching-Konzept der Karlsruher Schule werden die Systematiken von Musterzustandsveränderung (vom Problem- zum Lösungszustand) und das Auffinden von Zielen mit hoher Umsetzungswahrscheinlichkeit beschrieben und ihre Steuerung erlernt. Es handelt sich hierbei um ein ethisches Grundverständnis und ein methodisches Repertoire, welches unerlässlich ist für Führung, die den Anforderungen an Digital Leadership im genannten Sinne gerecht werden soll.

Digital Leadership entfaltet sich in einer Coaching-Kultur, weil die beschriebenen Kennzeichen von Digital Leadership mit einem bestimmten Rollenverhalten einhergehen. Die Rolle des entwicklungsbegleitenden Coachs, des fehlertoleranten, über Sinnstiftung motivierenden Begleitenden und des Ermächtigenden der Mitarbeitenden beim Auffinden von eigenen Lösungen geht mit einer konstruktiven Haltung einher, die Beziehungen auf Augenhöhe gestaltet, Ressourcen bei sich und anderen aktiviert und zu Lösungen führt, die in vielen Rückkoppellungsschleifen optimiert werden.

Bei Digital Leadership wird Coaching online umgesetzt

Tool-Varianten für die coachende Führungskraft

Es gibt viele Möglichkeiten online über Plattformen zusammenzuarbeiten, meist in Form von Webkonferenzen in virtuellen Meetingräumen, z.B. bei Skype for Business, WebEx oder Adobe Connect, um nur einige zu nennen. Weitere Plattformen bieten webbasierte Projektmanagementsoftware an, wie z.B. Trello, Basecamp oder Wrike. Die Aufzählung könnte beliebig weitergeführt werden, wobei es sich in der Regel um IT-Lösungen handelt, die keine inhaltlichen Hilfestellungen für Führung geben. Im Coaching-Sektor gibt es einzelne Tools, wie z.B. die Fragebögen von Prof. H. Geißler oder Robert Griffith. Mit dem englischen Tool „ProReal" liegt eine dreidimentsionale Welt vor, in welcher Avatare aufgestellt werden und mit Körperbewegungen Emotionen darstellen können.

CAI® World als Referenzplattform zur Beschreibung beispielhafter Online-Formate

Eine Lösung, welche inhaltliche Hilfestellungen für Führung und Coaching in verschiedenen Formaten mit mehreren Online-Tools, virtuellen Räumen und verschiedenen Kommunikationskanälen verbindet, ist die CAI® World. Sie bietet als erste Plattform diesen umfassenden Service für Führungskräfte und Coachs und wird daher in den folgenden Ausführungen als Referenzplattform genutzt.

So finden sich in der CAI® World beispielhaft Formate für Business-Coaching, Coaching-Konferenzen (CAI® CC), Konfliktcoaching und Transfercoaching, die in der Übersicht in Abb. 7 dargestellt sind.

Die Coaching-Formate bestehen jeweils aus spezifischen Prozessabläufen, die sich jedoch alle an dem dargestellten Coaching-Konzept orientieren und somit auf empirisch fundierten Wirkfaktoren im Coaching beruhen.

Auszug: Coachingformate der CAI® World

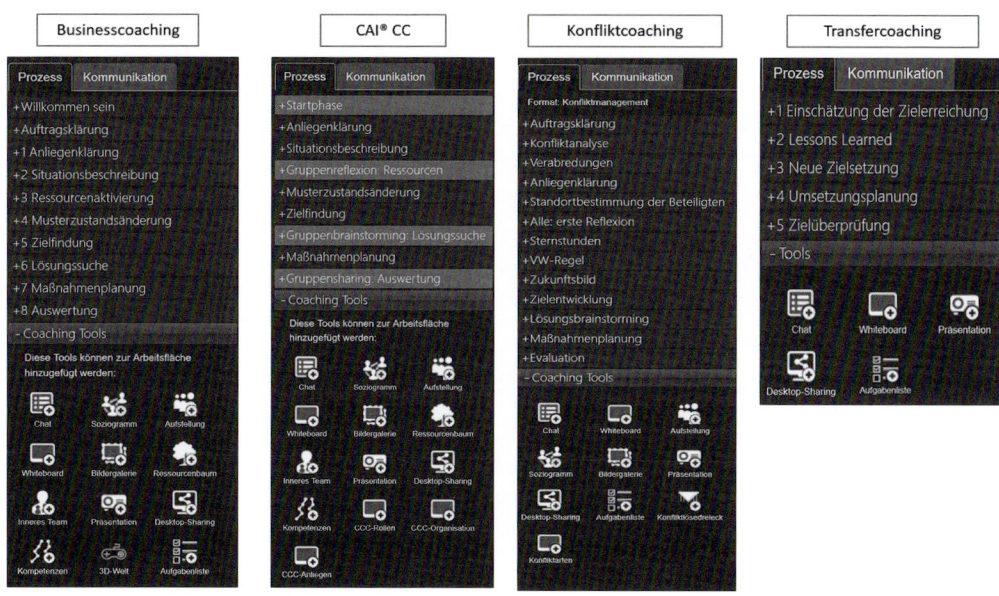

Abb. 7: Übersicht der Coaching-Formate in der CAI World[1]

Zunächst wird eine Gruppe gebildet, bei der definiert wird, wer zu dieser Gruppe gehört. Diese Personen haben dann Zugang zu virtuellen Sitzungsräumen, in denen mit den beschriebenen Formaten gearbeitet werden kann. Hierzu wird eine virtuelle Sitzung angelegt und das gewünschte Format wird ausgewählt. In den einzelnen Formaten können die Prozessphasen per Mausklick ausgewählt und dazu passende systemisch-lösungsorientierte Fragen genutzt werden. Zusätzlich stehen Tools wie Whiteboard, Soziogramm, systemische Aufstellung (Systembild), Bildergalerie, Inneres Team, Ressourcenbaum usw. zur Verfügung.

Eine Gruppe erhält Zugang zu einer virtuellen Sitzung

Auf den kommenden Seiten wird das Vorgehen an den Beispielen Business Coaching, Coaching-Konferenz und Transfercoaching etwas ausführlicher beschrieben.

---

1   Die gezeigten Bilder aus der CAI® World sind geschützt (©CAI® World) und dürfen ohne Genehmigung der CAI GmbH nicht weiterverwendet werden.

Business Coaching

Zunächst wird das Format „Business Coaching" beim Anlegen einer virtuellen Sitzung ausgewählt, was in Abb. 8 ersichtlich wird.

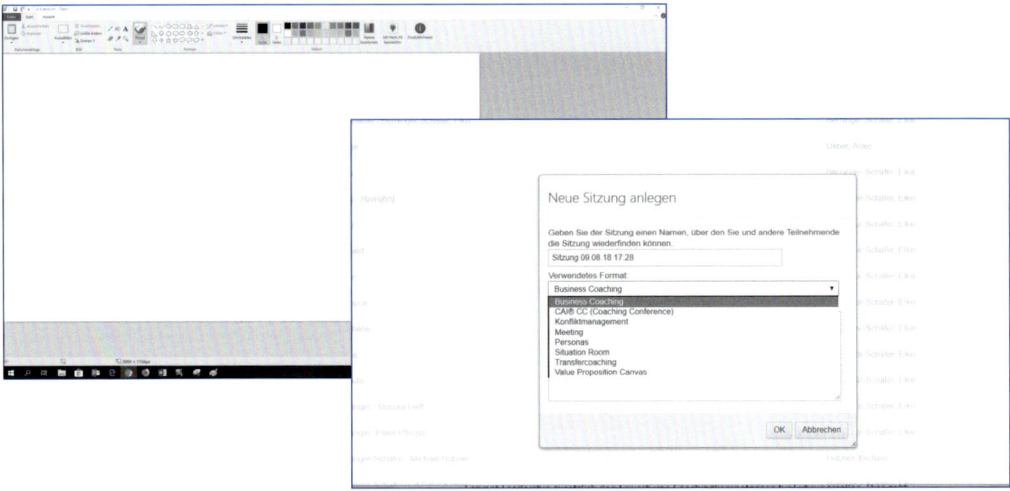

Abb. 8: Auswahl eines Sitzungsformates

Sobald dieses Format ausgewählt wird, öffnet sich eine Arbeitsfläche für die zugelassenen Personen (s. Abb. 9). Wenn asynchron gearbeitet wird, kann über das Aktivieren der Glocke eine automatische Nachricht verschickt werden, dass in der Sitzung gearbeitet wurde.

Abb. 9: Format Business Coaching mit Arbeitsfläche, Prozess und Glocke

Über den Button „Kommunikation" können Video- und Audioübertragung eingeschaltet werden.

Unter dem Button „Prozess" öffnet sich ein Prozessmenü, das die Steuerung verschiedener Coaching-Phasen erlaubt. Es handelt sich dabei um die acht Phasen der Karlsruher Schule. Wenn eine Phase angeklickt wird, kann aus einem Frageset eine passende Frage für den Chat oder für das Gespräch über WebRTC (Web-Echtzeitkommunikation, ein offener Standard, der Rechner-zu-Rechner-Kommunkation erlaubt) ausgewählt werden. Diese Fragen unterstützen den Prozess, inspirieren und sichern ein bestimmtes Qualitätsniveau. Sie stellen allerdings keine Einschränkung der Coachs dar, da sie optional genutzt werden können. Coachs können selbstverständlich eigene Fragen formulieren, wenn es dem Gesprächsverlauf besser entspricht. In Abb. 10 ist das Frageset in der Phase „Situationsbeschreibung" auszugsweise dargestellt.

Steuerung der Coaching-Phasen

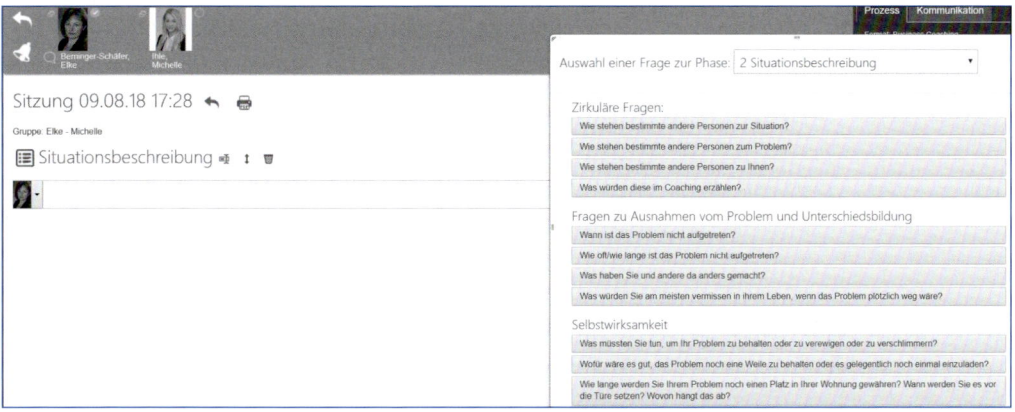

Abb. 10: Auswahl einer Frage in der Phase Situationsbeschreibung

Abb. 11 (Folgeseite) zeigt, wie der Chatverlauf in einem konkreten Beispiel mit einer Klientin in der Phase der Lösungssuche aussehen kann. Es wurden einige der Fragen aus dem Frageset genutzt.

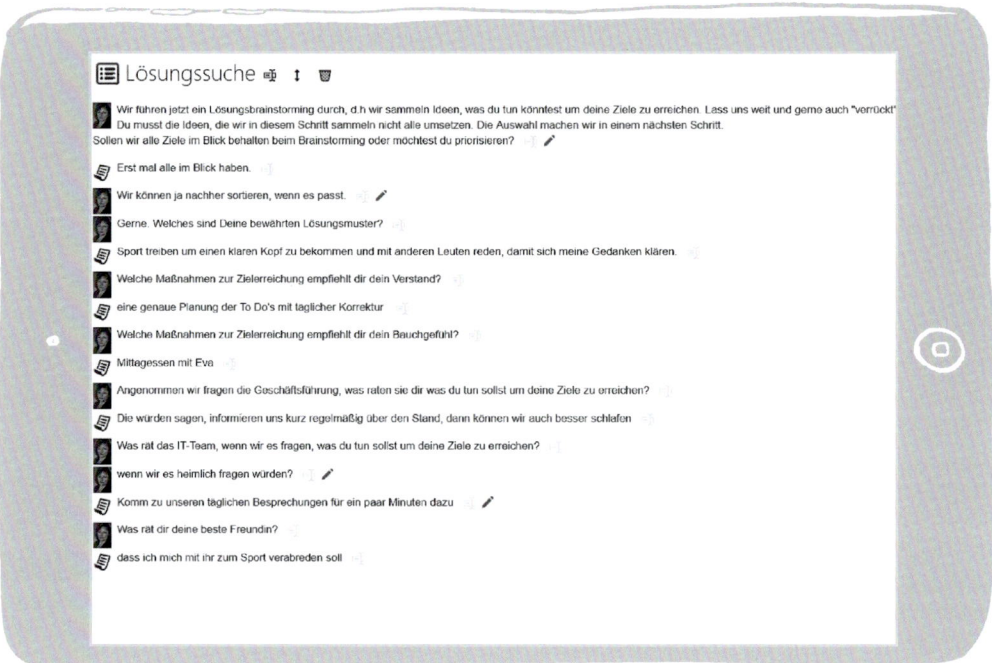

Abb. 11: Chatverlauf in der Lösungssuche

Coaching-
Protokoll

Der Chat wurde in diesem Beispiel als Coaching-Protokoll genutzt. Es handelte sich um eine synchrone Vorgehensweise, bei der sich Coach und Klientin verbal austauschen. Auf Nachfragen des Coachs, wer Stichworte des Gesprächs festhalten sollte, wünschte sich die Klientin, dass der Coach schreibt. Daher findet sich bei den Aussagen der Klientin das Protokollzeichen. Wenn sie selbst geschrieben hätte, wäre ihr Bild sichtbar gewesen.

Bei asynchronen Vorgehensweisen wird rein schreibbasiert gearbeitet, daher erstellt sich das Protokoll von selbst. Die virtuellen Sitzungen, in denen gearbeitet wird, können jederzeit von den berechtigten Personen betreten werden. Die Inhalte bleiben automatisch erhalten. Somit können KlientInnen auch alleine weiterarbeiten und ihre Fortschritte und Erfahrungen dokumentieren, wodurch das Gefühl der permanenten Begleitung ermöglicht wird.

Zusätzlich zu den Fragesets in den Prozessphasen können weitere Coaching-Tools genutzt werden.

Soziogramm

Mit dem Soziogramm können Beziehungsmuster in Gruppen dargestellt werden. Über die Größenverhältnisse der einzelnen Personen, über ihre Anordnung zueinander, über Nähe und Distanz und insbesondere über Beziehungspfeile wird ein Abbild der Beziehungsdynamik erstellt. In Abb. 13 ist neben dem Soziogramm auch der diesem Tool zugeordnete Chat sichtbar, in welchem kommuniziert werden kann und in welchem auch Informationen zum Tool gegeben werden. Hierzu gibt es ebenfalls eine Vorlage, die optional genutzt werden kann. Abb. 12 zeigt die Beziehungspfeile, die sich aufklappen, wenn der jeweilige Pfeil ausgewählt wird.

Beziehungs-
muster
darstellen

Die Übung
„Soziogramm
erstellen"
finden Sie in
den Download-
Ressourcen

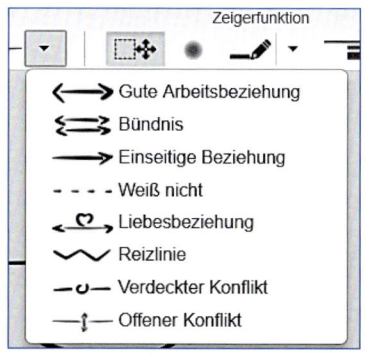

Abb. 12: Aufgeklappte Beziehungspfeile im Soziogramm

In Abb. 13 ist ersichtlich, wie das Tool „Soziogramm" in der Anwendung aussieht, wenn auf der Arbeitsfläche ein Soziogramm erstellt wird und im zum Tool gehörenden Chatfenster eine Anweisung durch den Coach gegeben wurde (Auswahl aus der Vorlage).

Abb. 13: Soziogramm

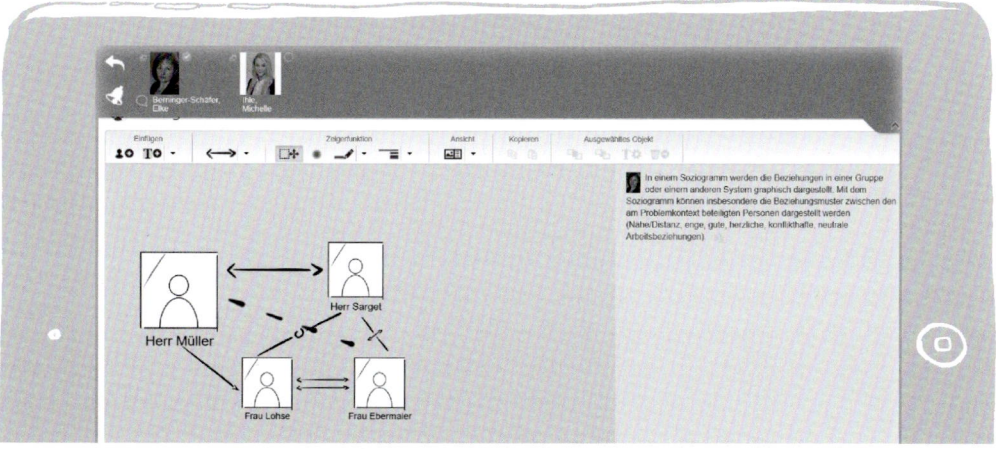

Visualisierung des systemischen Kontextes

Die Situation der KlientInnen kann auch mit Bildmaterialien und Symbolen dargestellt werden. Hierfür eignet sich das Tool „Aufstellung" oder „Systembild". Mit der Visualisierung des systemischen Kontextes, in dem ein zu bearbeitendes Thema eingebettet ist, und der Aufstellung der Personen, die eine Rolle spielen, wird assoziatives Arbeiten möglich. Emotionen, Botschaften, Situationsdynamiken und Wechselwirkungen können dadurch verdichtet dargestellt, reflektiert und verändert werden.

Wenn mit dem Tool „Aufstellung" oder „Systembild" gearbeitet wird, kann bei der Darstellung der Problemsituation zunächst ein Hintergrundbild ausgewählt werden (Abb. 14).

Abb. 14: Hintergrundbild in der Aufstellung zur Problemsituation

Nach der Auswahl eines Bildes, das die Stimmung in der Problemsituation repräsentiert, können Personen, Themen, Fragestellungen usw. mit Symbolen visualisiert werden. Damit ist ein leichter Zugang zur emotionalen Ebene geschaffen, ohne dass dies ausführlich besprochen oder aufgearbeitet werden muss. Vielmehr geht es um das Finden von emotional positiv besetzten Bildern (und damit ganzheitlichen Zuständen), was über die Visualisierungstools einfach und mit Spaß gelingt. Abb. 15 zeigt das Beispiel einer schwierigen Entscheidungssituation, zunächst aus dem Problembild heraus.

Abb. 15: Systemische Aufstellung des Problembildes

Wenn die weiter oben beschriebene Musterzustandsänderung vorge-   **Das Lösungsbild**
nommen wurde, fällt es KlientInnen sehr leicht, ein Lösungsbild zu
gestalten. Auch jetzt wird zunächst das Hintergrundbild ausgewählt, das
zu dem positiven Gefühlszustand passt. Dieses zeigt Abb. 16.

Abb. 16: Systemische Aufstellung des Lösungsbildes

Wenn ein Problembild in ein Lösungsbild überführt wird, findet bereits symbolisch eine Problemlösung statt. Diese wird im Anschluss „übersetzt", indem konkrete Ziele und umsetzbare Maßnahmen daraus abgeleitet werden.

Inneres Team

Darstellung unter- schiedlicher Persönlichkeits- anteile

Ein weiteres beispielhaftes Tool ist das Innere Team. Hierbei werden „innere Stimmen" auf einem ausgewählten Hintergrundschema als kleine Köpfe in verschiedenen Farben und veränderbaren Größen angeordnet. Die „inneren Stimmen" stehen für unterschiedliche Persönlichkeits- anteile bzw. repräsentieren verschiedene Werte und Bedürfnisse. Ins- besondere in unklaren Situationen, in Konflikten und Krisen, können diese „Stimmen" im Widerstreit miteinander liegen und die betroffene Person verunsichern bzw. blockieren. Hier ist die Analogie zum Team gegeben, wenn widersprechende Interessen, Meinungen und Positionen das Team hemmen. Es darf jedoch kein Teammitglied ausgeschlossen werden, es geht vielmehr darum, die verschiedenen „Stimmen" so zu moderieren, dass Handlungsfähigkeit entsteht. Auf Kärtchen kann zu jeder Stimme eine typische Aussage formuliert werden. Auch hier geht es um die Darstellung der Problemsituation und deren Veränderung in eine Ziel-/Lösungssituation. Das Beispiel in Abb. 17 zeigt eine Anord- nung „Innerer Stimmen".

Abb. 17: Inneres Team

Die bereits kurz skizzierten und weitere Coaching-Tools, wie z.B. Ressourcenbaum, Bildergalerie, Konfliktlösedreieck usw. sind ausführlich beschrieben in „Online-Coaching" (Berninger-Schäfer, 2018).

Diese Tools und verschiedene Coaching-Formate können gut im Führungsalltag eingesetzt werden. Des Weiteren können sich Führungskräfte gegenseitig mit Coaching-Kompetenzen online in einem Gruppensetting unterstützen. Hierfür eignet sich das Format der Coaching-Konferenz. Auf der beispielhaft herangezogenen Plattform CAI World wird das Format „CAI® Coaching Conference", abgekürzt „CAI®CC" genannt.

Die Coaching-Konferenz

Das Format der Coaching-Konferenz wird zunächst ebenfalls beim Anlegen einer neuer Sitzung ausgewählt. Danach öffnet sich der virtuelle Sitzungsraum mit den zugelassenen Personen, einem für das Format geltenden Prozessablauf und Tools, die auf dieser Arbeitsfläche eingesetzt werden können. Die zeigt Abb. 18 mit einer noch leeren Arbeitsfläche.

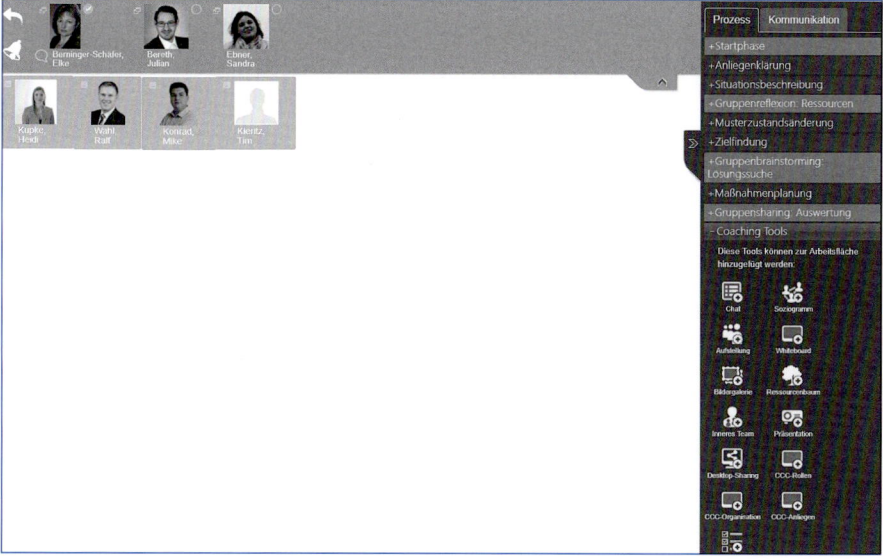

Abb. 18: Arbeitsfläche und Prozess in der Coaching-Konferenz

Der Coaching-Prozess der Karlsruher Schule ist auch hier im Prozessmenü hinterlegt, allerdings sind die Gruppensequenzen grau gekennzeichnet. Coaching-Konferenzen dienen der Klärung eines

Kollegiale
Coaching-
Konferenz nutzt
die Gruppe
als Ressource
zur Klärung
individueller
Anliegen

Themas eines einzelnen Gruppenmitgliedes, wobei die Gruppe als Ressource genutzt wird. Die Person, welche ihr Thema einbringt, wird als KlientIn betrachtet. Sie bekommt ein weiteres Gruppenmitglied als InterviewerIn an die Seite gestellt, das mit ihr gemeinsam ihr Anliegen erarbeitet und die Situation reflektiert. Die Gruppe gibt daraufhin ein Ressourcenfeedback und unterstützt den Reflexionsprozess. Daraufhin wird eine Musterzustandsänderung mit der Klientin/dem Klienten durch die interviewende Person vorgenommen. Aus der positiven Befindlichkeit werden Ziele abgeleitet. Die Gruppe liefert daraufhin ein Lösungsbrainstorming und der Klient/die Klientin kann aufgrund dieser Anregungen Umsetzungsmaßnahmen auswählen. Auch hier ist es möglich, weitere Tools unterstützend zu nutzen. Der kreative Lösungsfindungsprozess wird erleichtert, wenn mit Symbolen, Bildern und Aufstellungsfiguren gearbeitet wird.

Das Vorgehen ist als kollegiale Coaching-Konferenz, auch in der virtuellen Variante, mehrfach beschrieben worden (Berninger-Schäfer, 2008; Berg & Berninger-Schäfer, 2010; Berninger-Schäfer, 2012 und 2014; Ulmer, Haab & Schemion, 2014). Die Coaching-Konferenz kann als Gruppencoaching durch einen Coach oder die Führungskraft durchgeführt werden, sowie auch in der kollegialen Variante (ohne Hierarchiestufe).

Eine besonders effektive und zeitsparende Variante ist die simultane Coaching-Konferenz. Diese wird online in einer kleineren Gruppe von drei bis fünf Personen gleichzeitig durchgeführt. Jedes Gruppenmitglied eröffnet jeweils ein Whiteboard und stellt sein Anliegen und seine Situation dar. Abb. 19 zeigt das Anliegen eines Gruppenmitgliedes.

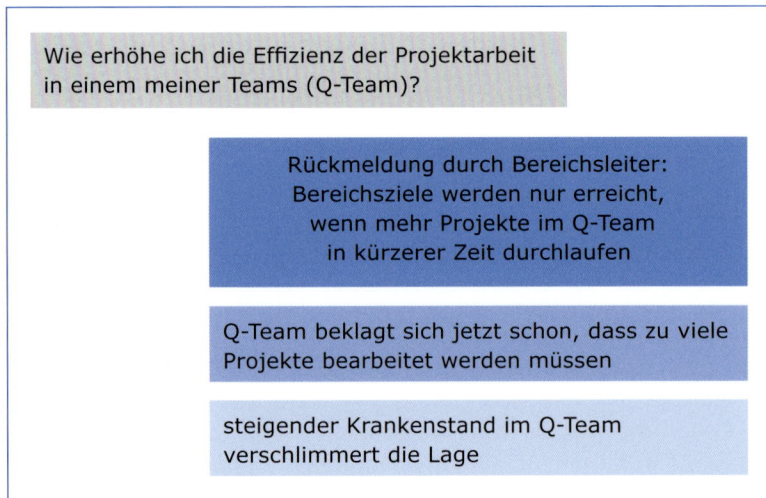

Abb. 19:
Anliegenklärung in der
Coaching-Konferenz

Die Situation wird zusätzlich visualisiert, dabei kann über ein Hintergrundbild und der Auswahl von Personen und Symbolen verdichtete Information präsentiert werden. Die Person, die in dem dargestellten Beispiel ihr Anliegen eingebracht hat (Erhöhung der Effizienz für das Q-Team), versetzt sich in die Lage der Mitglieder des Q-Teams und gestaltet ein Systembild. Sie stellt das Bild kurz den anderen Gruppenmitgliedern vor und diese geben ein Ressourcenfeedback im Tool Chat (Abb. 20).

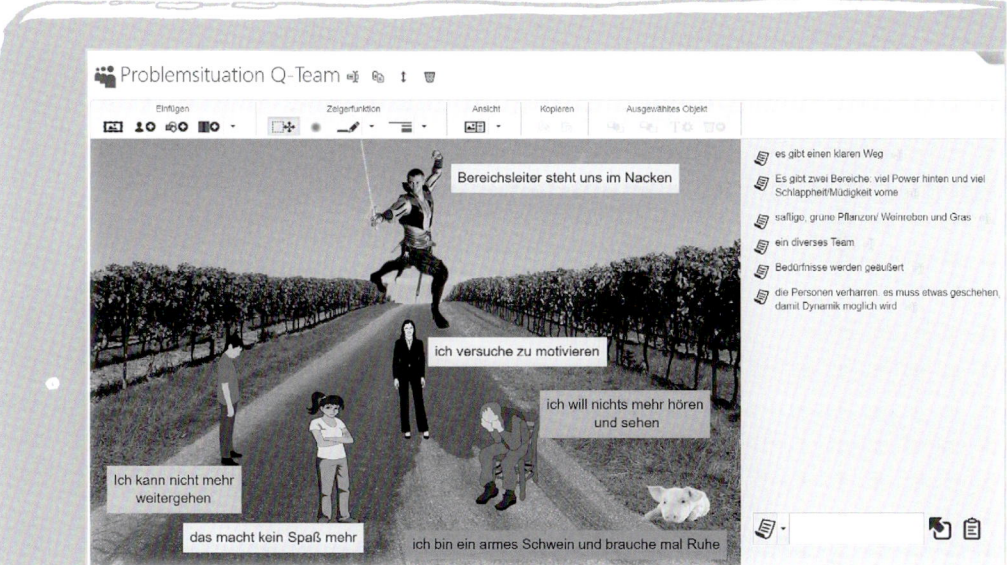

Abb. 20: Problemsituation im Q-Team

Dieser Vorgang wird für jedes Gruppenmitglied durchgeführt, sodass mehrere Whiteboards mit Anliegen und Systembilder parallel entstehen. Wenn zu allen Systembildern ein Ressourcenfeedback durch die Gruppenmitglieder erfolgt ist, wird in Einzelarbeit jeweils von jedem Gruppenmitglied ein Zielbild erstellt und daraus Ziele abgeleitet. Die Gruppe macht daraufhin zu jedem Zielbild ein Lösungsbrainstorming im Tool Chat. Die Lösungsvorschläge und das Zielbild für das bereits genannte Beispiel zeigt Abb. 21 auf der Folgeseite.

Es entstehen Systembilder

Abb. 21: Zielbild und Lösungsbrainstorming durch die Gruppe

Jedes Gruppenmitglied wählt anschließend Lösungen aus und gibt den anderen hierüber Feedback. Ein (Team-)Coach oder eine moderierende Person achtet auf die Zeit und führt die Gruppenmitglieder durch die einzelnen Phasen.

Die Fähigkeit zum Perspektivwechsel wird gefördert

Wenn Gruppen über längere Zeit mit diesem Format arbeiten, üben sie sich permanent im Perspektivenwechsel, in der Steuerung von Problemlöseprozessen mit Coaching-Methoden, in einer Haltung des Respektes, der Achtsamkeit, der Empathie und Akzeptanz. Unterschiedlichkeit wird als wertvolle Ressource betrachtet, da sie ein Lösungsbrainstorming erweitert und damit die Auswahl von potenziellen Lösungen erhöht. Die Einnahme dieser Haltung und der wechselnden Rollen im Bearbeitungsprozess hat Einfluss auf die Kultur in Organisationen und dient der Verwirklichung der Ansprüche an Digital Leadership.

Transfercoaching

Ein weiteres Format, das sich sehr gut für den Alltag von Digital Leadership eignet, ist Transfercoaching. Hierbei geht es darum, einer Person dabei zu helfen, vorher definierte Ziele umzusetzen. Es handelt sich um einen kurzen Online-Kontakt (15-20 Minuten), bei dem mit dem Prozessmenü und den darin erhaltenen Fragen geklärt werden kann, wo die betreffende Person in der Zielerreichung steht, was hilfreich und was hinderlich bei der Umsetzung ist bzw. ob das Ziel angepasst werden muss. Die hohe Wirksamkeit des Transfercoachings hat beispielsweise Geißler (2011) nachgewiesen. Abb. 22 zeigt das Prozessmenü. Eingeblendet sind hier einige beispielhafte Fragen aus dem Format Transfercoaching.

Hilfestellung, Ziele umzusetzen

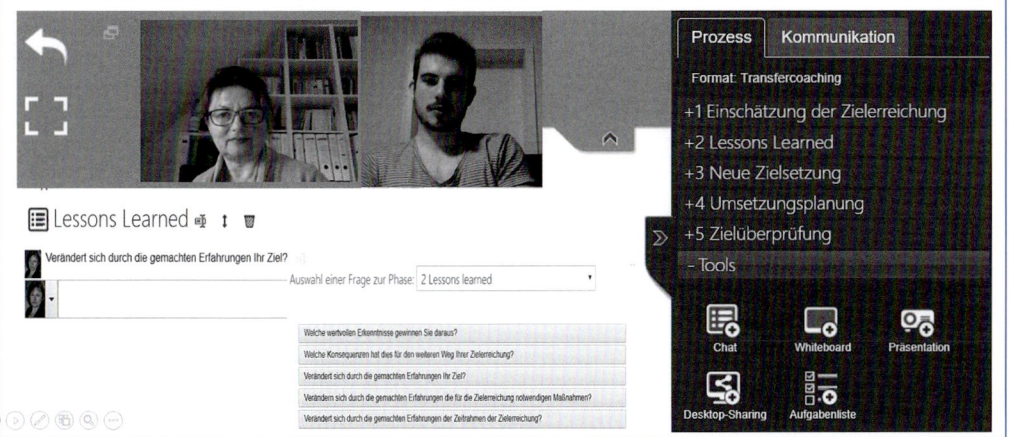

Abb. 22: Transfercoaching

Durch die kurze Dauer von Transfercoaching kann dieses Format häufiger stattfinden und entspricht eher agilen Vorgehensweisen als jährliche Feedback- oder Zielerreichungsgespräche.

Transfercoaching und die Coaching-Konferenz eignen sich besonders gut zum Einsatz durch die Führungskraft. Sie sind leicht erlernbar und haben eine große Wirkung.

Führungskräfte qualifizieren ihre Tätigkeit somit darüber, dass sie selbst Online-Coaching-Kompetenzen erwerben bzw. für sich Online-Coaching in verschiedenen Formaten in Anspruch nehmen. Weitere Formate werden in den Kapiteln 5.3 (Technische Umsetzung von Digital Leadership) und 5.4.4 (Führen in verteilten Teams) dargestellt.

Da noch ausführlicher konkrete Vorgehensweisen im Sinne von Digital Leadership vorgestellt werden, seien hier nur kurz die Auswirkungen einer Coaching-Kultur und von Gesprächsführungsmethoden des Coachings dargestellt, die in den verschiedensten Alltagssituationen einer Führungskraft vorkommen, ohne dass es sich ausdrücklich um ein Coaching-Vorgehen handeln muss. Hierzu zählen beispielweise Feedback, eine positiv konnotierte Sprache oder der Perspektivenwechsel.

Feedback und Perspektivenwechsel

Der Sinn von Feedback ist die Optimierung von Abläufen, die Stärkung von Personen, ihrer Motivation und die Gestaltung von Entwicklungswegen. Feedback geschieht sach-, ressourcen- und prozessorientiert: Es wird nicht danach gefragt, was wann schiefgelaufen ist, sondern wie ein Prozess besser hätte laufen können, was die Kriterien für einen optimalen Prozess sind, woran dieser in der Zukunft erkennbar sein wird und welche Maßnahmen konkret vereinbart werden müssen, um dies umzusetzen.

Personen-bezogenes Feedback

Personenbezogenes Feedback bezieht sich auf Ressourcen, Stärken und (Entwicklungs-)Potenziale. Es ist wertschätzend und konstruktiv sowie positiv konnotiert formuliert. Es geht nicht um kritisches Feedback, sondern um die Steuerung eines Prozess mit einer Person, bei dem sie unter Zuhilfenahme verschiedener Perspektiven wichtige Informationen über sich gewinnen kann, die es ihr erlauben, Wege der persönlichen Weiterentwicklung zu gestalten.

Zirkuläre Fragen

Im Coaching selbst kann mit zirkulären Fragen die Perspektive unterschiedlicher Akteure miteinbezogen werden. Ein Beispiel: Herr Bauer ist in seinem Team für die Angebotserstellung für GeschäftskundInnen zuständig. Er braucht hierfür angepasste Produktbeschreibungen von seiner Kollegin Frau Müller und aktuelle Preislisten von seinem Kollegen Herrn Meyer. Frau Müller ärgert sich über ihn, weil er immer wieder nachfragt, was es denn Neues bei den Produkten gäbe. Herr Meyer findet, er könnte sich die Preise mal merken und nicht so viele Fehler machen, womit unnötige Korrekturschleifen und Nachfragen verbunden sind. Sein Chef wiederum wünscht, dass die Übersichten zwischen Angebotserstellungen und -annahmen aktuell und gut gepflegt jederzeit einsehbar wären. Er findet, dass Herr Bauer viel zu umständlich arbeitet und zu lange braucht. Die KundInnen wollen eine schnelle Angebotsabgabe, damit ihre eigenen Prozesse effektiv durchgeführt werden können, doch sie müssen immer wieder nachhaken. Der Vorstand will eine stetige Steigerung der angenommenen Angebote, insgesamt einen schnelleren und größeren Durchlauf und damit Umsatz.

Mit der Coaching-Technik der „Zirkulären Fragen" kann Herr Bauer herausfinden, was er selbst denkt, dass sein Kollege Meyer, seine Kollegin Müller (und weitere Kollegen), sein Chef, sein wichtigster Kunde, der Vorstand etc. über ihn beziehungsweise sein Verhalten in einer bestimmten Situation sagen würden. Ein ähnlich spannendes Ergebnis wird erzielt, wenn die Ausgangsfrage in die Zukunft gerichtet ist, also: Welches Verhalten werden sich die beteiligten Personen in einer bestimmten Situation von dem betreffenden Mitarbeiter wünschen?

Hierfür kann das Tool „Soziogramm" oder „Systembild" aus dem Format Business Coaching genutzt werden (s. Abb. 23).

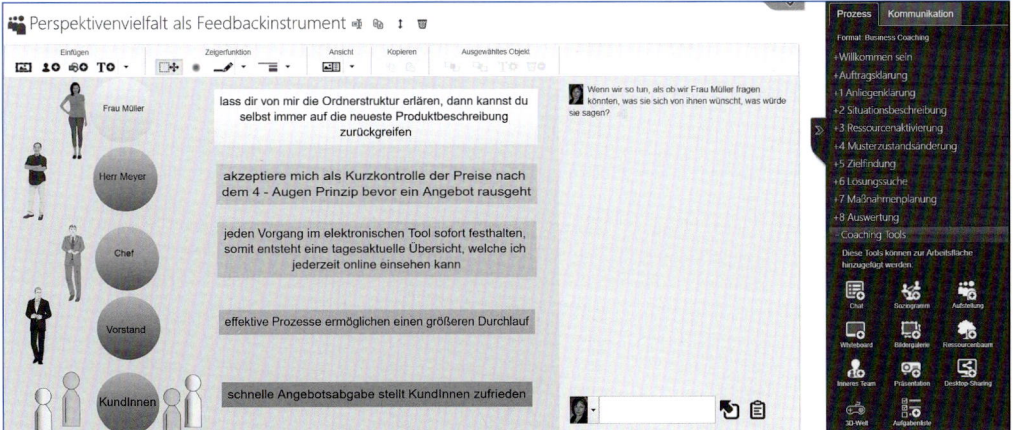

Abb. 23: Perspektivenvielfalt als Feedback-Instrument

Positive Konnotation

Über Sprache und Symbole wird Aufmerksamkeit gelenkt. Hierbei spielen, wie oben bereits dargestellt, unbewusste Prozesse und ihre Auswirkungen eine große Rolle. Wie Hüther (2006) ausführt, reagieren Menschen nicht auf Worte, sondern auf die inneren Bilder bzw. Assoziationsräume, die durch Worte ausgelöst werden. Eine positiv konnotierte Sprache erzeugt eine größere Wahrscheinlichkeit, dass diejenigen Assoziationsräume erreicht werden, die im emotionalen Erfahrungsgedächtnis positiv besetzt sind und somit die Motivation für das Handeln stärken. Coachs trainieren sich darin, positiv konnotiert zu sprechen. Wenn dieses Sprachverhalten zu einem Kulturmerkmal in organisationalen Systemen wird, hat es Auswirkungen auf ein positives soziales Klima und konstruktives Beziehungsmanagement. In Abb. 24 ist ein beispielhafter Chatverlauf zwischen einem Mitarbeiter und einer Führungskraft dargestellt, bei dem die Führungskraft positiv konnotiert formuliert.

Worte lösen innere Bilder aus

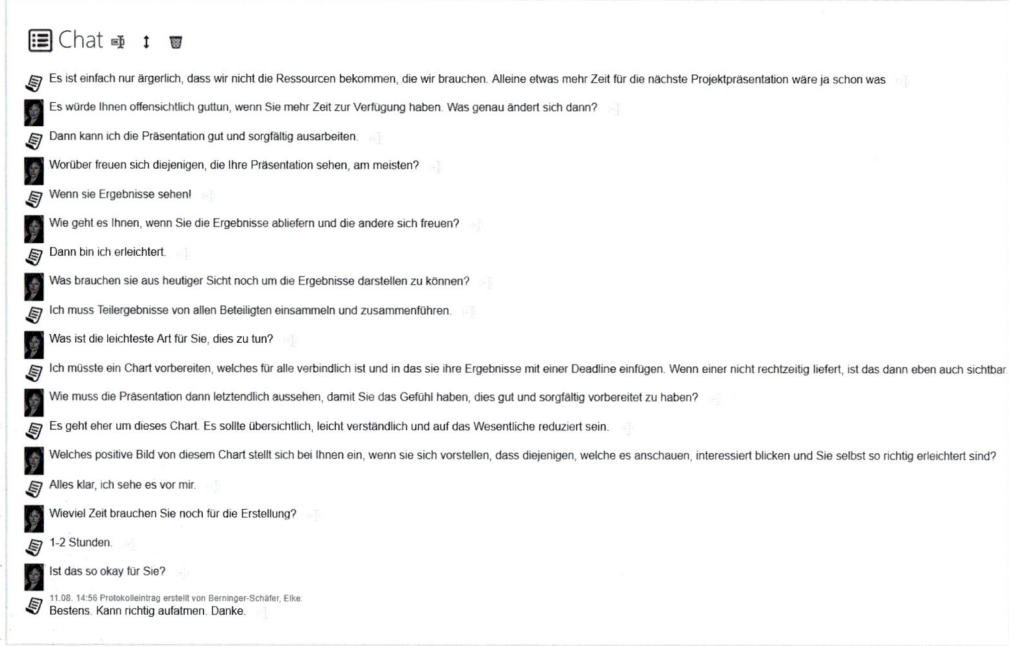

Abb. 24: Chatbeispiel zu positiver Konnotation

In dem dargestellten Beispiel äußert der Mitarbeiter seinen Ärger und beklagt sich über zu wenige Zeitressourcen. Die coachende Führungskraft geht auf ihn ein mit Spiegelungen und Fragen, wobei sie ausschließlich positiv konnotierte Worte verwendet, wie „guttun, freuen, erleichtern, leichteste Art, positives Bild und interessiert". Sie nimmt die vom Mitarbeiter benutzten positiven Begriffe „gut" und „sorgfältig" sowie „erleichtert" auf. Von ihr selbst kommt keinerlei Vorschlag, es gelingt, den Mitarbeiter in einen positiven Zustand zu bringen, in dem er das Bild einer gelingenden Zielerreichung sehen kann.

Wie bereits aus den beschriebenen Führungs- und Coaching-Konzepten und den aufgeführten kurzen Beispielen ersichtlich wurde, wird Digital Leadership in Verbindung mit einer gelebten Coaching-Kultur über eine Kombination von technischen Vorgehensweisen und kompetentem Führungsverhalten ausgeübt. Hierfür braucht es bestimmte Voraussetzungen, die im folgenden Unterkapitel zusammengefasst werden.

4.4 Voraussetzungen für Digital Leadership

Die Umsetzung von Digital Leadership braucht eine bestimmte technische Ausstattung, die Datensicherheit und Datenschutz gewährleistet, akzeptiert wird und digitales Führungsverhalten ermöglicht.

Notwendige Voraussetzungen in der Organisation

Technische Ausstattung

- Geeignete, funktionsfähige Medienausstattung für alle Beteiligten
- Online-Prozessformate und Online-Tools für Führung und Coaching
- Ausreichende Datenübertragungskapazität
- Leichte, intuitive Bedienbarkeit
- Erweiterbarkeit

Datensicherheit und Datenschutz

- Firewalls
- Datensicherung
- Verschlüsselung
- Einhalten gesetzlicher Regelung
- Serverstandort

Medienakzeptanz

- Einbindung der digitalen Führung in die Unternehmens- und Personalstrategie
- Kommunikation der Sinnhaftigkeit der eingesetzten Medien durch die Führung
- Vorbildfunktion
- Persönlicher Nutzen
- Organisationaler Nutzen
- Erlebte Effektivität
- Kreative Medien, deren Nutzung Spaß macht
- Kompetenzaufbau, um Überforderung zu verhindern und effiziente Nutzung zu ermöglichen

Digitales Führungsverhalten

- Digitale Organisationskultur strategisch gestalten
- Digitale Schlüsselkompetenzen durch geeignete Lernarchitektur für alle Beteiligten gezielt aufbauen
- Aktuelle Führungskonzepte digital umsetzen
- Leitlinien für mediengestützte Kommunikation entwickeln
- Agile Online-Prozesse definieren
- Medien und Online-Tools nach Sicherheit und Effektivität beurteilen, auswählen und gezielt einsetzen
- Aufbau von adäquaten, digitalen Informations- und Kommunikationsstrukturen
- Einführung von Standards, Regeln und einer Netikette für mediale Kommunikation
- Ermöglichung und Steuerung der Online-Kooperation in Netzwerken
- Mit passgenauen Online-Tools Prozessabläufe (Prozessformate) digital unterstützen
- Mit verschiedenen Übertragungskanälen kompetent kommunizieren

Welche Führungsformate passen? Müller (2008) zitiert Thom, wenn er vorschlägt, sich an ganz bestimmten Fragen bei der Auswahl von Personalentwicklungsmaßnahmen zu orientieren. Diese werden in der Checkliste in Tabelle 9 (Folgeseite) genutzt, ergänzt und auf Fragestellungen zur Auswahl digitaler Führungsformate angepasst.

Fragestellungen zur Auswahl von digitalen Führungsformaten	
Wozu?	Welche Ziele sollen erreicht werden?
Was?	Um was geht es? Welche Aufgaben sind zu erledigen? Wenn ja, wie wird damit umgegangen?
Wer?	Wer sind die Beteiligten? Welche Funktionen haben sie? Welche Abhängigkeiten bestehen zwischen ihnen? Wer hat welche Entscheidungsbefugnisse?
Womit?	Welche infrastrukturellen, zeitlichen und personellen Ressourcen stehen zur Verfügung?
Wie?	Welches ist das angemessene Format, welche Tools werden eingesetzt und über welche Medien wird kommuniziert? Welche Rollen werden in den einzelnen Formaten eingenommen?
Wann?	Zu welchem Zeitpunkt startet die Maßnahme, wann ist welcher Teilschritt wichtig? Wann wird asynchron und wann synchron kommuniziert?
Wie lange?	Bis wann ist die Maßnahme beendet bzw. wie lange können/sollen die einzelnen Teilschritte dauern?
Wo?	Wo befinden sich die Teilnehmenden? In welchen Zeitzonen? Welche Konsequenzen hat die regionale Verortung für die Zusammenarbeit?

Tabelle 9: Checkliste für die Auswahl von digitalen Führungsformaten

Diese Fragen können genutzt werden, wenn es darum geht, Digital Leadership umzusetzen. Das nächste Kapitel beschäftigt sich damit, wie die genannten Voraussetzungen für Digital Leadership praktisch erfüllt werden können. Hierfür werden technische und interaktionelle Vorgehensweisen geschildert.

5 Umsetzung von Digital Leadership

> „In jedem Medium ist es möglich, mitzukriegen und zu fühlen, ob jemand wirklich präsent ist und einem zuhört oder nicht."
> (Ciesielski & Schutz, 2016)

Die Empfehlungen für die Umsetzung von Digital Leadership beachten Führungsvorstellungen, bei denen Ergebnisorientierung, Effektivität, Haltung und Kompetenz im Mittelpunkt stehen. Die Kompetenzen beziehen sich dabei auf Medieneinsatz und Medienkommunikation, aber auch auf die Fähigkeit, sich mit anderen zu vernetzen. Die Umsetzungsrichtlinien lassen sich pointiert von ihrem jeweiligen Gegenpol abgrenzen. Hierzu empfehlen Dick et al. (2016):

Empfehlungen

- ▶ Ein gemeinsames Bekenntnis ist wichtiger, als allgemein Konsens zu erreichen
- ▶ Konkrete Ergebnisse zu erzielen ist wichtiger, als Plänen zu folgen
- ▶ Effektive Prozesse zu gestalten ist wichtiger, als feste Strukturen zu schaffen
- ▶ Kompetenzen zu vernetzen ist entscheidender, als Funktionen abzugrenzen
- ▶ Gegenseitige Erwartungen zu klären ist wichtiger, als Regeln zu folgen
- ▶ Zielorientiertes Reflektieren ist entscheidender, als fortlaufendes Reporten

Da Digital Leadership mit einer Digitalisierung der Führung einhergeht (s. Kap. 4.1), muss die Liste der Empfehlungen um weitere Punkte ergänzt werden:

- ▶ Die Unterstützung mit standardisierten, professionellen On-line-Formaten und Tools ist wichtiger, als eigene Führungsstile zu verwirklichen
- ▶ Professionelle Medienkommunikation ist wirksamer, als gewohnte Face-to-Face-Kommunikation auf Medien zu übertragen
- ▶ Die Kompetenz, Medien im Arbeitskontext zu beurteilen, geht über den Alltagsgebrauch von Medien hinaus
- ▶ Die verantwortungsvolle und strategisch bedeutsame Entschei-dung für den Einsatz professioneller Plattformen und Online-Tools ist wichtiger, als die Vorlieben Einzelner

Bei der Umsetzung von Digital Leadership sollte man beachten, mög-lichst die potenziellen Vorteile virtueller Zusammenarbeit (der Virtual Social Collaboration) zu nutzen und die potenziellen Nachteile zu ver-ringern. Daher werden wir zunächst auf Vor- und Nachteile eingehen, die bei der Umsetzung eine Rolle spielen, bevor wir zu den konkreten Beispielen kommen.

5.1 Virtual Social Collaboration – Vor- und Nachteile

Kollaboration gilt als eine Form der interaktiven Zusammenarbeit, bei der Aufgaben bewältigt und Problemstellungen gelöst werden (Klötzer et al., 2017).

Was ist Kollaboration?

Damit es zu gelingenden kollaborativen Prozessen kommt, die virtuell umgesetzt werden, ist es wichtig, dass sie in der Kultur der jeweiligen Organisation verankert werden, dem Geschäftszweck dienen und Nut-zererwartungen erfüllen. Gleichzeitig ist es nach Klötzer et al. erforder-lich, dass die nutzenden Personen hierfür qualifiziert werden und dass geeignete und sinnvolle Strukturen für den Einsatz kollaborativer Tools geschaffen werden. Es gibt also organisationale, soziale, persönliche und technische Bedingungen, die gleichzeitig berücksichtigt werden müssen, um die Potenziale virtueller Kollaboration zu nutzen (s. auch Voraussetzungen für Digital Leadership in Kap. 4.4).

Es müssen typische Einsatzgebiete und Zielgruppen festgelegt, Rol-len geklärt und Aufgaben beschrieben werden. Weiterhin ist es entscheidend, Regularien zur Nutzung zu definieren. Hierzu gehören beispielsweise der Umgang mit Informationen und Datensicherheit, die Festlegung der zu nutzenden Plattform bzw. von Online-Tools und einer Netikette. Des Weiteren muss geklärt werden, welche Qualifizierungsmaßnahmen und Betreuungsmaßnahmen, etwa durch IT, durch Führung, durch Online-Coachs, durchzuführen sind, wobei Coaching als wesentliches Element für eine gelingende Umsetzung betrachtet wird.

Es gibt viele Vorteile der virtuellen Zusammenarbeit, und es finden sich auch manche Nachteile. Die folgende Aufzählung greift die Aspekte verschiedener Autoren auf (Konradt & Hertel, 2002; Berninger-Schäfer, 2018; Döring, 2007; Knatz, 2009; Kühne & Hinterberger, 2009; Ploil, 2009; Ribbers & Waringa, 2015; Six et al., 2007).

Die Auflistung „Welche Vorteile hat virtuelle Zusammenarbeit?" finden Sie in den Download-Ressourcen

Vorteile

1. Zeitersparnis und Kostenreduktion durch den Wegfall von Reise- und Ausfallzeiten und von zurückzulegenden Wegen auf dem Gelände der Organisationen, informelle Begegnungen, Small Talk, aber auch durch automatische Dokumentation mit Online-Tools, schnellem Zugang zu Netzwerken und Ad-hoc-Kommunikation. Ausgefallene Termine müssen nicht immer nachgeholt werden, sondern können teilweise auch asynchron durchgeführt werden.

2. Unterstützung der Führung von verteilten Teams, welche regional verstreut sind oder aufgrund von Arbeit im Homeoffice, Teilzeit- bzw. Schichtarbeit nicht gleichzeitig am gleichen Ort sein können.

3. Flexibilität und Effektivität durch die Möglichkeit, unterschiedliche Informationen jederzeit abrufen zu können, durch bessere Zeiteinteilung und Vermeidung von Störungen, aber auch durch die Möglichkeit häufiger und kurzer Kommunikationszyklen (z.B. das Format „Daily", s. Kap. 5.4.2).

4. Transferunterstützung on the job, dadurch, dass es in kurzen Kontakten zu schnellen Rückkoppelungsschleifen kommen kann, wodurch Herausforderungen und Probleme im täglichen Geschehen bearbeitet und gelöst werden.

5. Erhöhtes Gefühl der Selbstkontrolle, da jede einzelne Person meist selbst entscheiden kann, was wann an wen über welchen Kanal kommuniziert wird.

6. Offenheit durch die Reduktion der Kommunikationskanäle, was zur Bereitschaft zu höherer Selbstoffenbarung führt. Das Medium kann bestimmte, persönliche Informationen verber-

gen und stellt einen gewissen Selbstschutz dar. Dadurch wird das Mitteilen von persönlichen Informationen erleichtert.

7. Konfliktprophylaxe durch die räumliche Distanz und zeitversetzte Interaktion.

8. Hohe Qualität von Antworten und Lösungen durch tagesaktuelle Informationen und dadurch, dass bei asynchronem Arbeiten mehr Zeit zum Nachdenken bleibt und schriftliche Formulierungen sorgfältig vorgenommen werden können.

9. Erhöhte Selbstreflexion durch schriftliche Kommunikation, die die kognitive Strukturierung fördert.

10. Höhere Produktivität durch kollektive Ideengenerierung, die auch ad hoc, schnell und häufig stattfinden kann sowie durch eine bessere Vorstrukturierung und Dokumentation von Meetings, Diskussionen usw.

11. Höhere Gleichberechtigung der Teilnehmenden, da Informationen zum kulturellen Hintergrund, zur hierarchischen Position, zum Geschlecht, zum Aussehen, zu sozialen Hinweisreizen usw. herausgefiltert werden können. Dadurch steigen Offenheit und Ehrlichkeit.

12. Teams können nach Qualifikation und nicht nach Verfügbarkeit zusammengesetzt werden.

Nachteile

1. Social-Collaboration-Werkzeuge werden in Unternehmen teilweise ad hoc, unsystematisch und unsortiert benutzt. So stehen manchmal unterschiedliche Tools mit Medienbrüchen zur Verfügung, die verschiedene Bedienoberflächen haben. Dadurch werden sie eher zu Belastungen statt zu Erleichterungen. Hierzu gehören z.B. Chat-Tools, Foren, Konferenzprogramme, Cloud-Systeme für Dokumentenmanagement, Projektmanagementtools, CRM-Systeme für Kundenkommunikation, Kalenderfunktion, Task Board usw. Wenn zwischen Anwendungen gewechselt werden muss, stellt dies eine große Herausforderung an die Kompetenz und Motivation der NutzerInnen dar. Dokumente, Protokolle und Ergebnisse müssen ggf. mehrfach zur Verfügung gestellt werden.

2. Abhängigkeit von einer funktionierenden Internetverbindung

3. Durch die Reduktion der Kommunikationskanäle steigt bei ungenügender Kenntnis der Besonderheiten der Medienkommunikation die Gefahr von Missverständnissen.

4. Die potenziell ständige Verfügbarkeit verlangt nach angemessenen Kompetenzen, sich selbst abgrenzen und steuern zu können.

Die Auflistung „Welche Nachteile hat virtuelle Zusammenarbeit?" finden Sie in den Download-Ressourcen

5. Besondere Herausforderungen an die Identitätsbildung von Teams und die Entwicklung einer Vertrauenskultur.

Die genannten Punkte betreffen technische und interaktionelle Aspekte sowie Besonderheiten der Medienkommunikation. Auf diese wird im Folgenden eingegangen, weil sie den Interaktionsweg zwischen Führung und Mitarbeitenden prägt und somit die Grundlage für Digital Leadership schafft. Ihre Umsetzung wiederum ist abhängig von den Kompetenzen (s. Kap. 6) und den technischen Gegebenheiten, auf die eine Führungskraft zugreifen kann (s. Kap 5.3).

5.2 Medienkommunikation

Filtereffekte

Der Einsatz von Medien hat unmittelbare Auswirkungen auf die Kommunikation. Hierzu gehören Filtereffekte, die durch die Reduktion der Kommunikationskanäle entstehen, wodurch Kommunikation eindeutiger werden kann, aber auch anstrengender (Müller, 2008).

Die Media-Choice-Forschung beschäftigt sich mit der Auswirkung des Medieneinsatzes auf Erfolg oder Misserfolg der Kommunikation. Diese Wirkung wird mit Media-Impact bezeichnet.

Die Media-Richness-Theorie besagt, dass ein Medium dann reichhaltig ist, wenn es viele parallele Kommunikationskanäle bedient (Konradt & Hertel, 2002; Six et al., 2007). Laut dieser Theorie sollten bei komplexen Aufgaben „reiche Medien" zum Einsatz kommen und bei klaren, strukturierten Aufgaben eher „arme Medien". Zu „reichen Medien" zählen beispielsweise die Face-to-Face-Kommunikation, Videotelefonie oder Konferenzen in virtuellen Räumen. „Arme Medien" wären z.B. E-Mail, Dokumente usw.

Dabei sollte man darauf achten, dass es weder zu einer Überkomplizierung mit Mehrdeutigkeiten und unwichtigen Informationen kommt noch zu einer Übervereinfachung. Es geht grundlegend darum, Unsicherheit zu reduzieren, die z.B. durch einen Mangel an Informationen oder durch unklare Befugnisse bzw. Aufgaben und Abläufe entsteht – und darum, Mehrdeutigkeiten zu vermeiden.

Bei der Medienwahl geht es um die richtige Passung von Kommunikationsinhalt und Kommunikationsmedium. Kriterien der aufgabenorientierten Medienwahl sind

- ▶ Genauigkeit
- ▶ Schnelligkeit/Bequemlichkeit
- ▶ Vertraulichkeit
- ▶ Komplexität

Wie gut passen Kommunikationsinhalte zu ihren Medien?

Weiterhin spielt es eine Rolle, welches Medium den persönlichen Präferenzen entspricht und welches im Kontext der stattfindenden Kommunikation akzeptiert ist (Social-Influence-Ansatz).

Entspricht es den persönlichen Präferenzen?

Bei visueller Anonymität fallen soziale Hinweisreize aus, die sich auf Geschlecht, Alter, ethnische Zugehörigkeit, Status, Kleidung und Aussehen beziehen. Dadurch steigt die Gleichwertigkeit der Kommunizierenden (Döring, 2007). Im agilen Umfeld geht es nicht darum, wer was gesagt hat, sondern nur, was gesagt wurde. Die Netzwerkintelligenz wird dadurch gestärkt. Auf der anderen Seite kann Anonymität auch zu unkontrolliertem, destruktiven Verhalten führen.

Die Verschriftlichung braucht mehr Zeit, führt jedoch auch zu mehr Klarheit, da präziser formuliert werden muss als bei verbalen Interaktionen, welche flüchtig sind. Sachaussagen stehen im Vordergrund. Informationen können leicht vervielfältigt und beschleunigt versendet bzw. großen Gruppen und Netzwerken zur Verfügung gestellt werden. Dieser Masseneinsatz erhöht die Beteiligungsmöglichkeit vieler. Eine hierarchie- und abteilungsübergreifende Kommunikation wird erleichtert. Transparenz entsteht durch Wissensmanagement und durch Einblick in Projekte, Aufgaben, Abläufe und Zeiten. Sie wird durch Visualisierung unterstützt.

Die aktuellen Führungsmodelle verlangen eine Veränderung der Sprache, die mit einem kognitiven Reframing einhergeht. So beschreibt Wittrock (2017) in seinem Artikel zu Lern- und Entscheidungsprozessen im Unternehmen folgende Formulierungen im Zusammenhang mit holokratischen Vorgehensweisen:

Die Sprache spiegelt das Mindset wider

- ▶ „Begründete Einwände" statt persönliche „Zustimmung/Ablehnung"
- ▶ „Integration von Perspektiven" statt „Austausch von Standpunkten"
- ▶ „Rollen, die wir füllen" statt „Rollen, die wir sind" (Identifikationsfalle)

> ❯ „Die Investoren einer Organisation" statt „Die Besitzer einer Organisation"
> ❯ „Deskriptive Rollentitel" statt „VIPs" oder andere statusbasierte Titel
> ❯ „Next Actions" statt „Was-bis-wann-Festsetzungen" (Letzteres ist Push-Mindset)
> ❯ Den „Vorschlag des Kreises" statt „Sein/ihr Vorschlag"

Die Sprache spiegelt das Mindset bzw. seine Veränderung wider und sendet Botschaften. Medial vermittelte Botschaften wirken sich bei Digital Leadership unmittelbar aus. Sie können unter Umständen nicht zurückgenommen oder relativiert werden, wie dies im Face-to-Face-Setting verbal oder nonverbal leichter möglich ist. Daher braucht die medial vermittelte Kommunikation hohe Rollenklarheit und ein angemessenes Kommunikationsverhalten.

Wie Führungspräsenz im virtuellen Geschehen entsteht

Die Führungskraft muss wahrgenommen werden

Damit Offenheit und Vertrauen entstehen können, muss die Führungskraft als Person, als Identität wahrgenommen werden, die sich mit ihren Werten und Charakteristika zeigt und die sich authentisch verhält. Im virtuellen Geschehen liegen Studien vor, die Hinweise darauf liefern, wie soziale, kognitive, räumliche Führungspräsenz entsteht (Ciesielski & Schutz, 2016; Pietschmann, 2009).

Soziale Präsenz zeigen

Um von anderen als interagierende Person wahrgenommen zu werden, können affektive, bindende und bezugnehmende Aktionen und Reaktionen vorgenommen werden. In jedem Medium ist es möglich, mitzukriegen und zu fühlen, ob jemand wirklich präsent ist und einem zuhört oder nicht. (Ciesielski & Schutz, 2016). Hierzu zählen z.B. Emoticons, Selbstoffenbarungen, humorvolle Bemerkungen, Bezug auf Inhalte von anderen, Aufnehmen der Metaphern und Bilder des Gegenübers usw. Es ist hilfreich, Informationen über die aktuelle Situation der Teilnehmenden zu geben, z.B. wo sie gerade sind, wie das Wetter dort ist, wie es aussieht usw.

Kognitive Präsenz zeigen

In der Regel ist der Zweck einer beruflichen Kommunikation die Verständigung über Bedeutungen und der Austausch von Informationen. Es geht darum, Probleme zu lösen und Entwicklungen voranzutreiben. Führungsaufgabe ist es, für das gemeinsame Verständnis zu sorgen, Mitarbeitende zu aktivieren, damit sie ihr Wissen und ihre Kompetenzen einbringen. Hierzu ist eine sorgfältige Planung von (virtuellen)

Sitzungen mit einer für alle sichtbaren Agenda hilfreich. Wenn diese in einem virtuellen Sitzungsraum bereits zugänglich ist, können die Teilnehmenden dort direkt ergänzen, kommentieren usw. Ein Beispiel zeigt Abb. 25.

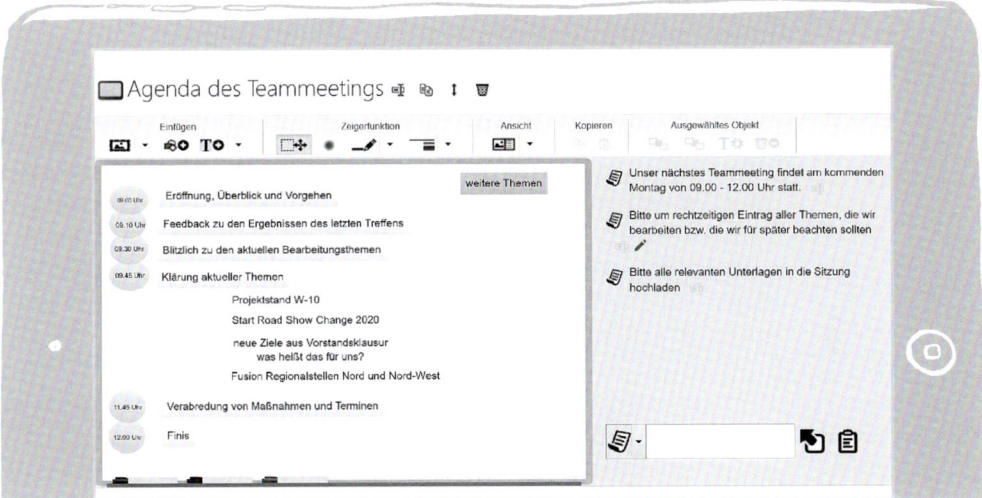

Abb. 25: Agenda eines Teammeetings

Durch die Moderation der Sitzung werden die Teilnehmenden angeregt, sich auszutauschen, wobei bei schriftlichem Austausch (auch in synchronen Sitzungen) alle Inhalte bereits protokolliert sind. Zusammenfassungen, gezielte Ansprache Einzelner oder Blitzlichter bzw. Brainstorming-Runden können mit Symbolen hinterlegt werden. Somit kommt zur rein kognitiven und interaktiven Vorgehensweise noch eine assoziative hinzu, die einerseits weitere Informationen liefert, andererseits aber auch Informationen verdichtet und dadurch zu Zeitersparnis führt.

Räumliche Präsenz zeigen

In interaktiven Sitzungsräumen, in denen mit symbolisierten Personen gearbeitet wird, werden virtuell Szenarien abgebildet bzw. symbolisch gestaltet, welche eine räumliche Verortung von Personen und Themen ermöglicht.

Wenn Begegnungen in dreidimensionalen Räumen stattfinden, entsteht ein deutliches Gefühl von räumlicher Präsenz. Hierbei können die interagierenden Personen mit Avataren dargestellt werden. Gemeinsames

Gehen, Laufen oder Fliegen bzw. die Möglichkeit, sich zu bestimmten Gegenständen gemeinsam hinzubewegen, erzeugt die Illusion, sich im gleichen Raum zu befinden.

Eine andere Möglichkeit, räumliche Präsenz bei regionaler Verteilung herzustellen, ist das Vorhandensein von gespiegelten Besprechungs-räumen an unterschiedlichen Orten und eine Videoübertragung, die den Eindruck entstehen lässt, dass sich alle im gleichen Raum befinden.

Führungspräsenz zeigen

Ciesielski & Schutz (2016) beschreiben Führungspräsenz als einen De-sign-, Moderations- und Organisationsprozess der kognitiven und so-zialen Interaktionen, wobei es meistens um Moderation und Coaching geht. Führungskräfte können virtuell verfügbare Zeiten anbieten, sie können Blogs, Foren und Wikis nutzen, um breitgestreut zu kommuni-zieren. Dabei ist es wichtig, eine organisationsangemessene Netiquette einzuführen und sich selbst daran zu halten.

Gefordert ist der passgenaue Umgang mit Medien und Tools

Führungskräfte entscheiden, welche Medien angemessen sind und wel-che Online-Tools genutzt werden sollen, im Wissen darum, dass es nicht um eine möglichst große Vielfalt, sondern um eine passgenaue Form geht. So sollte etwa für das Teilen von Informationen und Wissen in der Regel keine virtuelle Sitzung einberufen werden, dies kann vielmehr mit asynchronen Mitteln geschehen. Je nach der Anzahl der Personen, die erreicht oder beteiligt werden sollen, können unterschiedliche Medien eingesetzt werden. In einem Webinar können viele Personen teilneh-men, sich üblicherweise aber nur per Chat äußern. In einem virtuellen Sitzungsraum, in dem synchron mit Video und Audio gearbeitet wird, ist eine begrenzte Anzahl sinnvoller, damit alle beteiligt werden kön-nen. Wenn asynchron gearbeitet wird, können Themen über die Zeit reifen. Bei hoch emotional belasteten Themen kann eine moderierte, asynchrone Vorgehensweise besser sein als eine synchrone. Ist eher ein kognitiv, reflexives Vorgehen sinnvoll, kann schreibbasiert die richtige Kommunikationsform sein. Schreiben hilft beim Denken und Struktu-rieren und kann mit Visualisierung unterstützt werden. Eine Reduktion der Sinneskanäle fokussiert die Aufmerksamkeit. Für kreative Prozesse ist die unmittelbare Interaktion mit assoziativen Tools hilfreich.

Es ist wichtig, Mitarbeitende zum professionellen Umgang mit den ge-wünschten Medien und Tools zu schulen, um Kompetenzunterschiede auszugleichen und allen die gleiche Chance der Beteiligung zu geben.

Strategien erfolgreicher Kommunikation in virtuellen Teams

Konradt & Hertel (2002) nennen einige Strategien für erfolgreiche, medial vermittelte Kommunikation in virtuellen Teams. Einige davon werden hier dargestellt und durch weitere ergänzt. Die Hinweise gelten nicht nur für definierte virtuelle Teams, sondern für Medienkommunikation allgemein.

Technische Voraussetzungen bereitstellen

Eine funktionierende und stabile Internetverbindung ist die Grundlage für Medienkommunikation. In der Regel wird organisationsintern über Plattformen kommuniziert, die verschiedene Medien und Tools zur Verfügung stellen (s. Bespiele in Kap. 4.3).

Für eine angemessene Kommunikationsdichte und -menge sorgen

Die häufige Kommunikation soll zur Reduktion von Missverständnissen führen, Verständnis sichern, klären, ob alle Absprachen von allen akzeptiert werden und schnelle Rückkoppelungen ermöglichen. Auf der anderen Seite wird angesichts der Menge an zur Verfügung stehender Information das Bedürfnis nach Reduktion immer größer. Es sollte sich um ein möglichst gutes Aufwand-Nutzen-Verhältnis handeln. Führungskräfte können in der organisationsinternen Netiquette regeln, wie mit Informationen umgegangen werden soll. So ist es ein Kulturmerkmal, wenn häufig Personen in cc gesetzt werden, um sich abzusichern und ggf. Verantwortung zu verteilen. Als Folge steigt die Belastung der Mitarbeitenden bzw. Mails werden nicht mehr gelesen.

Doppelte Feedback-Schleifen einrichten

Das Senden einer Information genügt nicht, um sie als erledigt zu betrachten. Informationen sollten bestätigt und das Verständnis durch Wiederholung in eigenen Worten gesichert werden.

Darauf achten, dass vielfältige Kommunikationstools zum Einsatz kommen

Tools (Beispiele s. Kap. 4.3, Kap. 5.3 und 5.4) können Informationen verdichten und strukturieren und sie ermöglichen assoziative und kreative Vorgehensweisen. Sie machen Spaß, aktivieren verschiedene Gehirnareale und erhöhen die Gestaltungsmöglichkeiten der NutzerInnen. Sie stärken die Designkompetenz.

Auf gute und ausführliche Dokumentation von Prozessen und Erfolgskriterien achten

Die Bedeutung der Dokumentation von Teamprozessen kann auch auf Gruppenergebnisse und Einzelarbeit übertragen werden und dient ebenfalls dem Vermeiden von Missverständnissen und der Erhöhung der Transparenz.

Reduzierte nonverbale Hinweisreize durch explizite Verschriftlichung ausgleichen

Bei schreibbasierter Kommunikation fehlen Gestik und Mimik, mit denen wichtige Botschaften gesendet werden. Hochziehen der Schultern, Neigung des Kopfes, Stirnrunzeln, Lächeln oder Veränderung der Körperhaltung drücken Emotionen und Haltungen aus. Es ist hilfreich, wenn z.B. Freude, Erleichterung, Zweifel oder Zeit zum Überlegen direkt verschriftlicht werden.

Emotionen werden verschriftlicht

- „Ich denke gerade darüber nach ..."
- „Ich zweifle, bin noch nicht sicher ..."
- „Ich brauche noch etwas Zeit ..."
- „Ich begrüße es, wenn ..."
- „Es freut mich sehr, dass ..."

Emoticons und anderen Symbole, die Informationen verdichten, einsetzen

Visualisierung dient der Verdeutlichung komplexer Informationen, wirkt assoziativ und hilft der Klärung von Vorgängen. Dabei ist zu beachten, dass Symbole unterschiedlich interpretiert werden. Über die eingesetzten Visualisierungstools sollte organisationsinterne Klarheit bestehen, insbesondere im interkulturellen Kontext.

Für klare Kommunikationszeiten sorgen

Zusätzlich zu der Möglichkeit, spontan und jederzeit zu kommunizieren, ist es wichtig, für bestimmte Kommunikationsformate Anfangs- und Endzeiten festzulegen, insbesondere, wenn es sich um synchrone Formate handelt und wenn sich die Kommunizierenden in unterschiedlichen Zeitzonen befinden. Für asynchrone Kommunikation ist es wichtig, Zeiträume festzulegen, bis wann was stattgefunden haben soll. Für die Unterstützung eines positiven Arbeitsklimas sollte auch genügend Zeit für nicht unmittelbar arbeitsbezogene Kommunikation reserviert werden.

5.3 Technische Umsetzung von Digital Leadership

In vielen Büros hängen Plakate, z.B. mit den Ergebnissen eines Design-Thinking-Prozesses, oder es kleben Notizzettel an Scheiben. Dadurch kann jede Person, die den Raum betritt, alles lesen, was auch bereits in Zeiten vor der Datenschutzgrundverordnung ein No-Go war. Häufig geht es dabei um Themen der digitalen Transformation. Daher liegt es auf der Hand, auch Design Thinking oder weitere agile Vorgehensweisen, wie z.B. Scrum, im Online-Format durchzuführen. Damit wird nicht nur über Digitalisierung geredet, sondern sie wird auch bereits umgesetzt.

Die berechtigten Teilnehmenden können die interaktiven Räume jederzeit betreten und dort weiterarbeiten, was nicht möglich ist, wenn im Face-to-Face-Format hierfür ein Kreativraum zur Verfügung gestellt bzw. gemietet wurde. Sie können nicht nur ein Whiteboard, einen Kanban benutzen, sondern beliebig viele.

Im virtuellen Raum werden zur Umsetzung von Digital Leadership Online-Tools unterstützend genutzt, die über reine Kommunikation und Koordination hinausgehen. Hierfür gibt es unterschiedliche Plattformen und Tools auf dem Markt.

Um die Nachteile auszugleichen, die unter Punkt 5.1 beschrieben wurden, ist es hilfreich, sich für eine Plattform zu entscheiden, die möglichst viele der Bedürfnisse einer Organisation befriedigt und die technischen Voraussetzungen für die Umsetzung von Digital Leadership (s. Kap. 4.4) erfüllt.

Um nachfolgend nicht zwischen verschiedenen Plattformen hin und her zu springen, wird für die dargestellten Anwendungen die CAI®-Plattform genutzt, die sehr umfangreich ist und viele Anforderungen der genannten Ansprüche abdeckt. Sie wurde verschiedentlich, auch mit ihren Sicherheitsstandards, beschrieben, z.B. bei Berninger-Schäfer, Kupke & Wahl (2018).

Neben der Möglichkeit, über verschiedene Medien zu kommunizieren (Video, Audio, schriftlich in Foren und Chats) verfügt sie über virtuelle, interaktive Räume, in denen Prozessformate und Tools für Coaching und Leadership zur Verfügung stehen. Dies ist besonders wichtig, da es die Führungstätigkeit deutlich unterstützt und erleichtert. Wie wichtig es ist, passgenaue Tools für bestimmte Tätigkeiten auszuwählen, ist jedem bekannt. So wird für das Verfassen eines Textes eine Textverarbeitung genutzt. Werden komplexe Berechnungen benötigt, wird eine Tabellenkalkulation verwendet. Dabei könnte man auch mit einer Tabellenkalkulation Texte schreiben und in der Textverarbeitung „rechnen". Es wäre aber keinesfalls zweckmäßig und hilfreich. Nur wenn es um Online-Meetings geht, werden, egal für welchen Inhalt, Videokonferenzen eingesetzt, die keinerlei inhaltliche Unterstützung bieten. Wird in einem Meeting die falsche Methodik bzw. das falsche Format gewählt, dürfen sich Führungskräfte/ModeratorInnen nicht wundern, weshalb das gewünschte Ergebnis nicht erreicht wird.

So hat ein Design-Thinking-Prozess einen anderen Ablauf als ein Vertriebsmeeting. Neben dem Ablauf werden auch andere Tools benötigt. Im Design-Thinking-Prozess werden beispielsweise Visualisierungstools zum kreativen Entwickeln eingesetzt und im Vertriebsmeeting ein Soziogramm, um Kundenbeziehungen darzustellen.

Die Prozesse und Tools für Online-Coaching wurden bereits in Kap. 4.4 beschrieben. Weitere Formate für Digital Leadership und agiles Management sind in Abb. 26 in der Übersicht dargestellt.

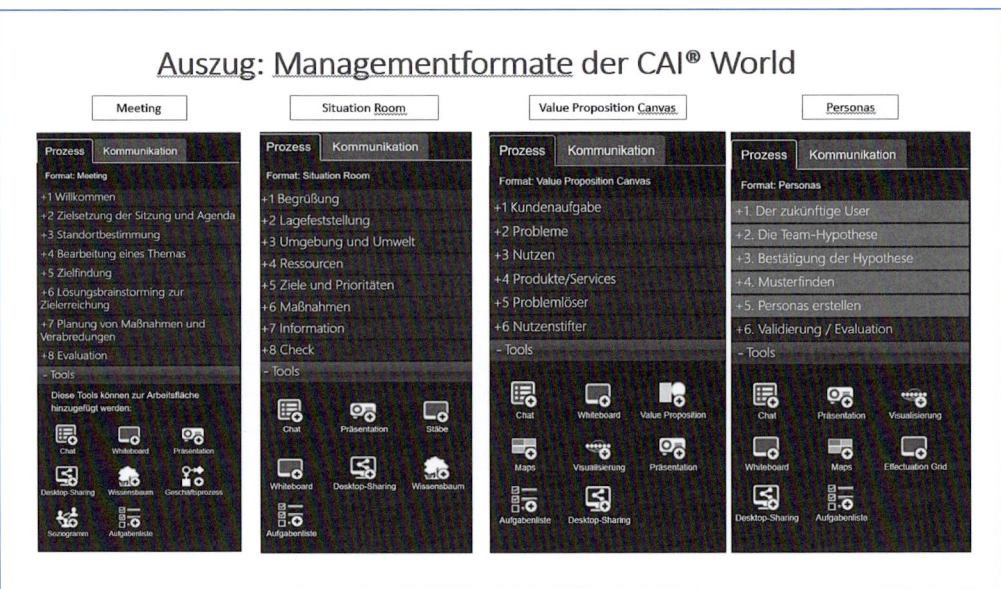

Abb. 26: Managementformate in der CAI® World

Neben den Prozess- bzw. Ablaufphasen können die integrierten Fragesets gut eingesetzt werden, die die „richtigen" Fragen bzw. Inspirationen für die richtigen Fragen anbieten. Des Weiteren werden so die Methodiken/Abläufe standardisiert, ohne in starre Prozesskorsetts gepresst zu werden. Insbesondere bei neuen bzw. unregelmäßig genutzten Formaten werden diese durch die erweiterbaren Fragesets sofort umsetzbar. Abb. 27 zeigt beispielhaft Fragen aus dem Format „Value Proposition Canvas".

Fragesets einrichten

Auswahl einer Frage zur Phase: | 5 Problemlöser ▾ |

Auf welche Art und Weise lösen die eigenen Produkte und Dienstleistungen die Probleme unserer Kunden?

Wie setzen wir den Schwierigkeiten und Herausforderungen unserer Kunden ein Ende?

Wie und womit liefern wir eine bessere Lösung als etablierte Anbieter?

Wie vermeiden wir negative Konsequenzen für unsere Kunden?

Wie lösen unsere Produkte und Services die Probleme der Kunden?

Welche Einsparungen (Kosten, Zeit, Mühe) können damit erzielt werden?

Abb. 27: Fragebeispiele im Value Proposition Canvas

5.4 Methodische Umsetzung in verschiedenen Formaten

Ergänzend zu den Fragen stehen in den Formaten Tools zur Verfügung, welche die Prozesssteuerung erleichtern. In der Beschreibung der methodischen Umsetzung von Digital Leadership werden einige davon beispielhaft dargestellt.

5.4.1 Kanban

Bei Kanban handelt es sich um ein Steuerungsverfahren nach dem Pull-Prinzip, wobei das Wort aus dem Japanischen kommt und Karte, Schild, Tafel oder Beleg bedeutet. Es wurde 1947 bei Toyota eingeführt und in den 1970er-Jahren auch in Deutschland und den USA übernommen.

E-Kanban:
Zulieferungs-
kette wird über
das Internet
gesteuert

Bei zentraler Vorratshaltung von Material, das für Produktionsketten gebraucht wird, gibt es wenig Flexibilität bzw. hohe Kosten, wenn es zu Anpassungen der Bedarfsmengen kommen muss. Über eine Kanban-Karte wird die Information weitergeleitet, dass Material aufgebraucht ist. Das geschieht über einen sich selbst steuernden Regelkreis. E-Kanban bedeutet, dass die Zulieferungskette über das Internet gesteuert wird. Dadurch soll ein schlanker Materialfluss mit kurzen Durchlaufzeiten und eine Reduktion von Lagerbeständen ermöglicht werden.

Kanban in der IT wurde von David Anderson 2007 publik gemacht. Auf dem Kanban-Board, einem Whiteboard, werden Zettel (Tickets) angebracht, die jeweils eine Aufgabe beschreiben und den Fluss der Produkterstellung, des Workflows, visualisieren. Durch diese Abbildung (Spalten) der verschiedenen Stationen (Backlog, Entwickeln mit Doing und Done, Testen mit Doing und Done, Release und Beendet) können Engpässe leicht identifiziert und flexibel umgestaltet werden, indem sie z.B. dort, wo gerade sichtbare Lücken sind, untergebracht werden.

Ticketsystem

Im Sinne eines Pull-Systems werden Tickets von der jeweiligen Vorgängerstation abgeholt. Der Fluss der Produktentwicklung kann gesteuert werden, indem Größe und Menge der Aufgaben, Zykluszeit und Warteschlangen gemessen werden. Alle Beteiligten müssen den Prozess verstehen und die damit zusammenhängenden Regeln einhalten. Dadurch werden Lean Management und Kaizen (kontinuierlicher Verbesserungsprozess) unterstützt. Tägliche Statusmeetings, Operations Reviews (unregelmäßige Meetings mit vielen Teilnehmenden aus der Organisation) und Meetings zu Problemanalysen und Fehlerbehebungen sollen der kontinuierlichen Verbesserung dienen.

Kanban wurde auf weitere Bereiche übertragen und ist in der simpelsten Variante die Abbildung von zu erledigenden Aufgaben mit den Rubriken „Zu erledigen" (To do), „In Arbeit" (Doing) und „Erledigt" (Done). Hierfür werden Post-its angebracht und es entsteht ein Gesamtbild des Prozesses.

Das Prio-Board

Eine einfache Form zur Nutzung dieser Technik ist das Prio-Board (Schültken, 2018). Hierbei stehen auf einem Board drei zeitlich definierte Prioritäten, die für das Team gelten. Wenn eine Aufgabe erledigt ist, kommt die nächste aus dem Backlog dazu. Somit werden Teams davor geschützt, sich zu verzetteln oder von ideenreichen Chefs überfordert zu werden. Das Teamboard wird laufend angepasst. Wird es elektronisch durchgeführt, entsteht ein transparenter Überblick über das Erreichte. Mit Kanban können zu allen möglichen Themen Felder abgebildet werden, um logische Abhängigkeiten zu zeigen. Es handelt sich hierbei um gelebte Effektuation (Brandes-Visbeck & Gensinger, 2017)

Mit Kanban können Organisationen, welche noch kein Scrum-Vorgehen etabliert haben und mit agilen Methoden noch am Anfang sind, einen Übergang gestalten.

5.4.2 Scrum

Führen mit Zielen, wie im klassischen Projektmanagement, setzt voraus, dass über längere Zeit Pläne gültig sind und in einem vorgegebenen Rahmen umgesetzt werden können. Ende der 1990er-Jahre wurde dies bereits bei IT-Projekten in eine andere Vorgehensweise überführt. Es begann der Abschied vom Pflichtenheft und dem Wasserfallmodell, welche zu starr waren, um sich schnell verändernden Anforderungen anzupassen. Sie wurden durch agile Prozessmethoden (Frameworks) ersetzt (s. auch Kanban in Kap. 5.4.1).

Ein Beispiel für agiles Projektmanagement aus der Softwareentwicklung ist Scrum, ein Verfahren, bei dem über Zwischenschritte (inkrementell und iterativ) komplexe und zunächst unklare Anforderungen in Produkte umgesetzt werden, die sich strikt am KundInnenbedürfnis ausrichten.

Definition

Statt möglichst genaue Arbeitsanweisungen zu erhalten (Pflichtenheft), baut Scrum auf hoch qualifizierte, interdisziplinär besetzte Entwicklungsteams, die zwar eine klare Zielvorgabe bekommen, für die Umsetzung in kurzen Entwicklungszyklen jedoch allein zuständig sind. Dadurch bekommen die Entwicklungsteams den nötigen Freiraum, um ihr Wissens- und Kreativitätspotenzial in Eigenregie zur Entfaltung zu bringen. Die regelmäßige und strukturierte Kommunikation der Teammitglieder führt zu einem hohen Grad an Reflexionsfähigkeit und zu sozialem Kompetenzzuwachs. Dies ist zusammen mit der Visualisierung von Arbeitsprozessen ein wesentliches Merkmal von Agilität.

Srum bedeutet „Gedränge im Rugby" (engl.) und wurde 1986 von den japanischen Ökonomen Nonaka und Takeuchi eingeführt, von Ken Schwaber und Jeff Sutherland et al. weiterentwickelt und im Agilen Manifest (2001) wieder aufgenommen (http://agilemanifesto.org/iso/de/manifesto.html, eingesehen am 21.02.2019).

Wie Petry ausführt, besteht Scrum aus wenigen Regeln und verwirklicht flache Hierarchien, Selbstorganisation, Pragmatismus, Prototyping, rasches Feedback und Iteration (Petry, 2016).

Bei Scrum werden drei verschiedene Kategorien beschrieben. Es handelt sich dabei um drei Rollen, drei Artefakte und fünf Aktivitäten. Es herrschen die Prinzipien Transparenz, Beobachten/Anpassen und Timeboxing.

Die Rollen

Product Owner, Scrum Master, Entwicklungsteam

Die Rollen verteilen sich auf Product Owner, Scrum Master und Entwicklungsteam (Gloger, 2016).

▶ Der *Product Owner* hat eine Vision für das Produkt und formuliert die Rahmenbedingungen. Er arbeitet mit den KundInnen zusammen und schreibt die User Stories.

▶ Der *Scrum Master* ist eine laterale, nicht weisungsbefugte, situativ führende Führungskraft des Scrum Teams, der für die Einhaltung des Prozesses sorgt und dabei hilft, Probleme zu lösen. Er ist für den Erfolg von Scrum und die Produktivität des Teams verantwortlich. Er sorgt dafür, dass Scrum funktioniert und dass die zugrundliegenden Regeln und Prinzipien eingehalten werden. Und weiterhin sorgt er für optimale Arbeitsbedingungen des Teams. Er steht hinter dem Team und schützt es vor negativen Einflüssen von außen. Er beseitigt Hindernisse, die sich dem Team in den Weg stellen. Ein Scrum Master führt, indem er anderen ihre Verantwortung nicht abnimmt, sondern darauf achtet, dass die anderen Rollen ihre Verantwortung annehmen und ihr gerecht werden (Wirdemann, 2017). Er organisiert und moderiert Meetings. Gegebenenfalls kann der Scrum Master Entscheidungen delegieren oder selbst entscheiden. Er setzt Coaching ein und fungiert als Change Manager. Darüber hinaus ist er die Brücke zwischen dem Projekt und anderen Bereichen, z.B. Abteilungen.

▶ Das *Scrum Team*, welches idealerweise interdisziplinär zusammengesetzt ist, ist für die Lieferung des Produktes zuständig und steuert das eigene professionelle Arbeiten, auch die Arbeitsmenge. Dabei ist das Team für den Erfolg eines Entwicklungszyklus verantwortlich und gibt ein Versprechen ab, was in dem jeweiligen Sprint entwickelt wird. Der Ausdruck Sprint kommt aus dem Sport und bezeichnet das Zurücklegen einer Strecke mit möglichst hoher Geschwindigkeit in möglichst kurzer Zeit. In diesem Sinne sorgt das Team dafür, dass das vereinbarte nächste Ziel im Zeitraum eines definierten Sprints erreicht wird, wobei es dem Team obliegt, welche Maßnahmen hierfür zu ergreifen sind. Dadurch unterscheidet sich das Scrum Team deutlich von klassischen Projektteams.

Die Teams sollten nicht größer als zehn Personen sein, sonst wären die Teams eher wieder zu teilen. Innerhalb des Teams gibt es keine Titel, Hierarchien oder Führungsebenen. Stattdessen kommt jedes Teammitglied in die führende Rolle und zwar immer dann, wenn er/sie Experte/Expertin in Bezug auf die jeweilige Aufgabe ist. Die Arbeitsweise eines Scrum Teams kann eine große Herausforderung darstellen, insbesondere dann, wenn die Teammitglieder gewohnt waren, genaue Vorgaben zu bekommen.

Artefakte

Artefakte sind Instrumente, mit denen die drei Rolleninhaber die Arbeitsergebnisse während eines Sprints überwachen. Ziel ist die schrittweise Entwicklung des Produkts.

Tools zum Überwachen der Arbeitsergebnisse

Das *Product Backlog* ist eine geordnete Auflistung der fachlichen (nicht technischen) Anforderungen an das Produkt. Das Product Backlog ist dynamisch und wird ständig weiterentwickelt, ohne jemals einen Anspruch auf Vollständigkeit zu erheben. Die Eintragungen werden nach unterschiedlichen Gesichtspunkten priorisiert. Hierzu gehören z.B. Nutzen, Notwendigkeit, Dringlichkeit und Risiko. Die Priorisierung bestimmt, was als Erstes im Sprint umgesetzt wird. Hierfür werden anwenderbezogene „User Stories" beschrieben.

Das *Sprint Backlog* definiert, welche Aufgaben in einem Sprint zu erledigen sind. Diese werden aus den Einträgen des Product Backlogs ausgewählt. Es handelt sich dabei um Entwicklungsaufgaben, Tests und Dokumentation. Die Aktualisierung des Sprint Backlogs wird durch die Teammitglieder immer dann vorgenommen, wenn eine Teilaufgabe erledigt ist. Der aktuelle Stand ist auf einem Taskboard für alle ersichtlich. Wird die Rubkrik „Done" erreicht, ist das Produkt nutzbar.

Durch diese Vorgehensweise wird die langfristige Planung, die in einer Auflistung der Anforderungen im Product Backlog enthalten ist, dynamisch weiterentwickelt und angepasst. Ihre Priorisierung entscheidet, was im Sprint Backlog festgehalten und im nächsten Sprint umgesetzt wird.

Aktivitäten

Im *Sprint Planning Meeting* bereitet das Team zusammen mit dem Product Owner und dem Scrum Master den anstehenden Sprint vor. Das Meeting besteht aus zwei Teilen. Im ersten Teil wird das Ziel des Sprints festgelegt und der Product Owner stellt die *User Stories* des Product Backlogs gemäß ihrer Prioritäten der Reihe nach vor. Das Team analysiert die Stories und schätzt ab, wie viele Stories es im kommenden Sprint voraussichtlich schaffen wird. Die ausgewählten Stories werden als *Selected Backlog* bezeichnet. Das Selected Backlog ist für die Dauer des Sprints festgelegt, während der Rest des Product Backlogs weiterhin verändert werden darf.

Im zweiten Teil des Meetings erstellt das Team das *Software Design* der ausgewählten Stories und zerlegt jede Story in ihre Einzelaufgaben (Tasks). Das Ergebnis ist ein Sprint Backlog, das die ausgewählten Stories heruntergebrochen auf konkrete Tasks enthält.

- ▶ 1. Teil = Was
- ▶ 2. Teil = Wie

Scrum ist ein iterativer Prozess, in dessen Zentrum zwei zentrale Schleifen stehen: Sprints und Daily Scrums. *Sprints* sind Iterationen, in denen das Team selbstorganisiert an der Umsetzung des Sprint Backlogs arbeitet. Das Ergebnis ist ein potenziell auslieferbares Produktinkrement, also ein lauffähiges, getestetes und dokumentiertes Ergebnis eines Sprints. Ein Sprint dauert ca. 30 Tage.

Das Team trifft sich jeden Tag zu einer festen Zeit zum sogenannten *Daily Scrum* und synchronisiert sich und die anstehenden Aufgaben des Sprints. Hierbei orientiert sich das Team an folgenden Fragen:

- ▶ Was wurde am Vortag erreicht?
- ▶ Was ist für den laufenden Tag geplant?
- ▶ Welche Probleme sind aufgetreten?

Im Daily Scrum werden keine Probleme gelöst – vielmehr geht es darum, sich einen Überblick über den aktuellen Stand der Arbeit zu verschaffen. Dazu hat sich bewährt, dass jedes Teammitglied mithilfe des Taskboards sagt, was es seit dem letzten Daily Scrum erreicht hat, was es bis zum nächsten Daily Scrum erreichen möchte, und was dabei im Wege steht (ca. 2-3 Minuten pro Teammitglied).

Im *Sprint Review* am Ende des Sprints werden die im Sprint umgesetzten Stories vorgestellt. Dabei wird die Funktionalität gezeigt. Anhand der präsentierten Software können die Beteiligten entscheiden, ob die Ergebnisse den Erwartungen entsprechen und welche Richtung für den nächsten Sprint einzuschlagen ist. Das Review ist die Zeit für Kurskorrekturen.

Die Sprint-Retrospektive ist eine Art Metadiskussion über den eigentlichen Entwicklungsprozess und die Zusammenarbeit des Teams während des Sprints. Das Ziel ist die kontinuierliche Verbesserung des Entwicklungsprozesses und damit der Produktivität des Teams.

Das Team soll seine Arbeitsweise offen und ehrlich überprüfen können. Dazu müssen Kritik und unangenehme Wahrheiten offen geäußert werden, auch Gefühle und Empfindungen.

Abb. 28 zeigt ein Retrospektive Board, das eine Struktur für das Feedback und seiner Auswertung liefert.

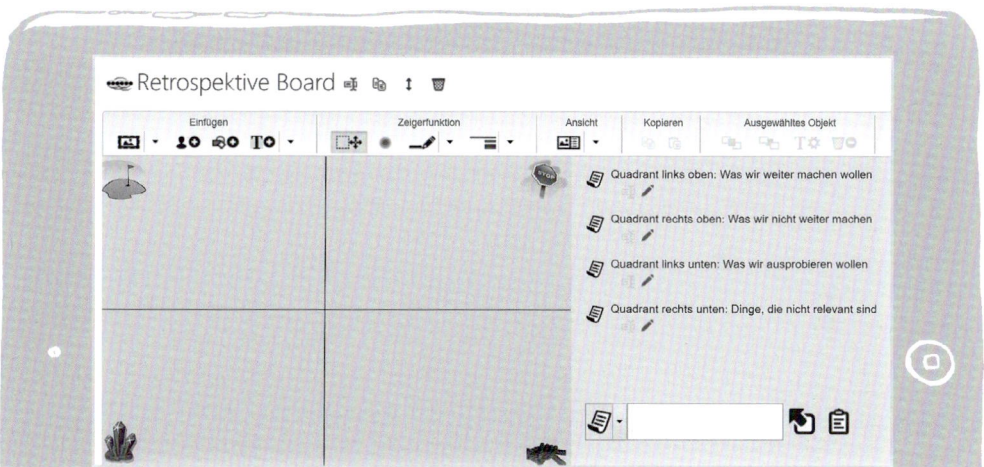

Abb. 28: Retrospektive Board mit Fragen im Chat

Ein Scrum Board wird genutzt, um die Aufgaben zu visualisieren und in den Spalten zu verorten. Abb. 29 (Folgeseite) zeigt eine Struktur eines Scrum Boards.

Aufgaben visualisieren

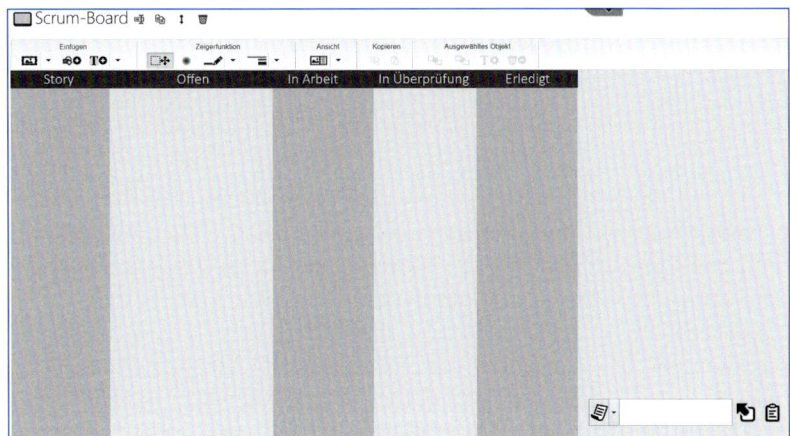

Abb. 29: Struktur eines Scrum Boards

Meta Scrum Von Scrum of Scrums oder Meta Scrum spricht man, wenn die ideale Gruppengröße von sieben Personen überschritten wird und mehrere Scrum Teams koordiniert werden. Dann wird ein (wechselnder) Teambotschafter nach dem eigenen Daily in den Daily des Meta Scrums geschickt, wodurch eine Informationsvernetzung geschieht.

Ein Unterschied zwischen Kanban und Scrum ist die Tatsache, dass es bei Kanban keine Rollen gibt. Ein Kanban-Board kann von mehreren Personen oder Teams geteilt werden, während das Scrum Board einem einzelnen Team gehört. Die Teamzusammensetzung beim Scrum ist crossfunktional, bei Kanban ist dies nicht vorgeschrieben. Im Unterschied zu Kanban sind die geschätzten Aufgaben bei Scrum innerhalb eines Sprints zu erledigen, dafür dürfen auch keine weiteren Aufgaben hinzukommen. Das Produkt-Backlog wird nach jedem Sprint neu priorisiert. Dies ist beim Kanban-Board optional, es wird allerdings auch kontinuierlich weitergepflegt (https://de.wikipedia.org/wiki/Kanban_Softwareentwicklung, eingesehen am 21.02.2019)

5.4.3 Design Thinking

Design Thinking, das ursprünglich von Leifer, Kelley und Winograd entwickelt und in Deutschland vom Hasso Plattner Institut verbreitet wurde, kann auf ganz unterschiedliche Fragestellungen hin angewandt und mit verschiedenen agilen Vorgehensweisen kombiniert werden.

Worum geht es? Prinzipiell geht es darum, Produkte und Dienstleistungen kundenorientiert und agil zu entwickeln und mit kreativen Ideen Probleme zu lösen.

Im Mittelpunkt von Design Thinking steht der KundInnennutzen. KundInnen können auch in den Prozess mit einbezogen werden.

Der Design-Thinking-Prozess erfolgt in mehreren Schritten, die mehrfach in unterschiedlicher Reihenfolge durchlaufen werden können. Diese werden visualisiert. Es handelt sich somit wie bei Scrum um einen iterativen Prozess, bei dem es ebenfalls darum geht, relativ schnell Produkte zu entwickeln, die auf ihre Funktionsfähigkeit in einem frühen Stadium getestet werden können, damit schnell Verbesserungen möglich werden oder aber das Produkt verworfen werden kann.

Der Prozess

Im ersten Teil geht es darum, die Kundenperspektive zu verstehen. Hierzu gehören verschiedene Merkmale der KundInnen wie Motivation, Situation und Position. Es wird der Standpunkt definiert, der für die KundInnen das Problem darstellt (Petry, 2016). Daraufhin werden Ideen generiert, die zu einer Problemlösung führen können, wobei die Kundenbedürfnisse maximal berücksichtigt werden (Hofert, 2017).

Kreativität entsteht beim Blick über den Tellerrand, wenn ganz unterschiedliche Perspektiven genutzt und Ideen generiert werden können. Eine interdisziplinäre Zusammenstellung des Teams, das den Design-Thinking-Prozess durchläuft, ist somit sehr hilfreich.

Ausgehend von der Analyse und Ideengenerierung zur Problemlösung werden im zweiten Teil des Design-Thinking-Prozesses die passgenauen Prototypen entwickelt und getestet. In Anlehnung an Lewrik et al. (2017) wird in Abb. 30 ein Ablauf für Design Thinking dargestellt.

Abb. 30: Ablauf eines Design-Thinking-Prozesses, eigene Darstellung

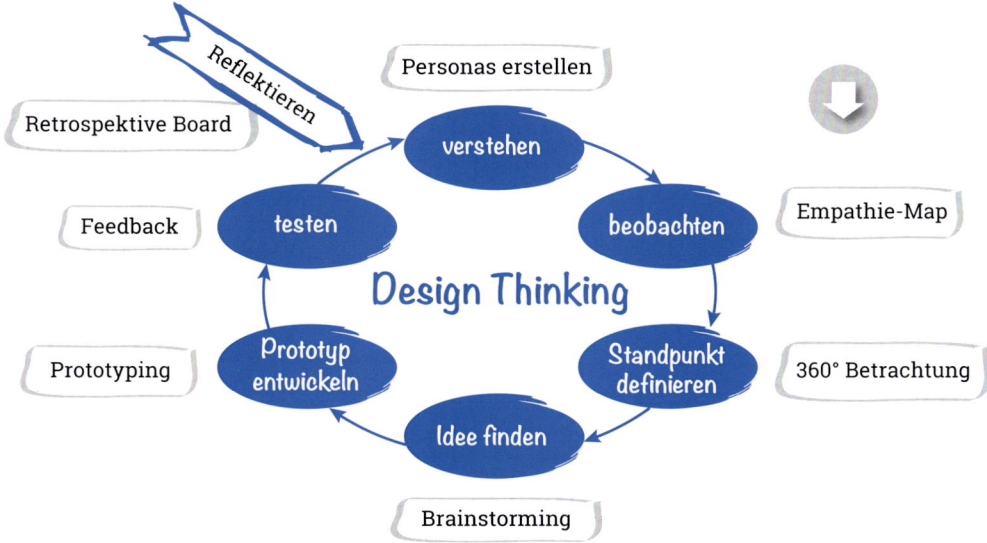

Personas   Für die Erstellung von Personas (archetypische Nutzer, die Merkmale einer Zielgruppe repräsentieren) kann eine Map benutzt werden, bei der Werte, Bedürfnisse, Erfahrungen und Aufgaben betrachtet werden. Daraus kann abgeleitet werden, welche Funktionen ein Produkt für einen User haben sollte, welche Anforderungen er stellt und welche Erfahrungen er machen möchte, um sich gut und belohnt zu fühlen. Abb. 31 zeigt eine solche Map zur Erstellung von Personas.

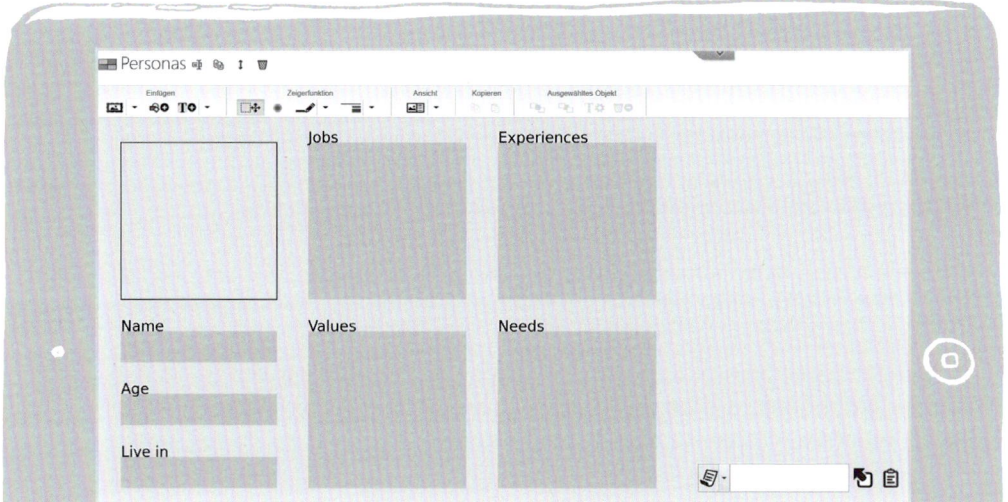

Abb. 31: Personas erstellen im Design-Thinking-Prozess

Empathie-Map   Weitere Informationen über die User liefert die Empathie-Map, da Achtsamkeit und empathische Einfühlung in die User im Design-Thinking-Prozess eine wichtige Rolle spielen. In der Empathie-Map werden im Quadranten mit der Sprechblase diejenigen Aussagen aufgeführt, die ein User sagen würde. Die Wolke symbolisiert seine Gedanken, die Hand seine Aktivitäten und das Herz seine Emotionen. Im Chat abrufbare Fragen/Anweisungen helfen auch hier bei der Erarbeitung der Map. Ein paar davon sind in Abb. 32 (Folgeseite) sichtbar.

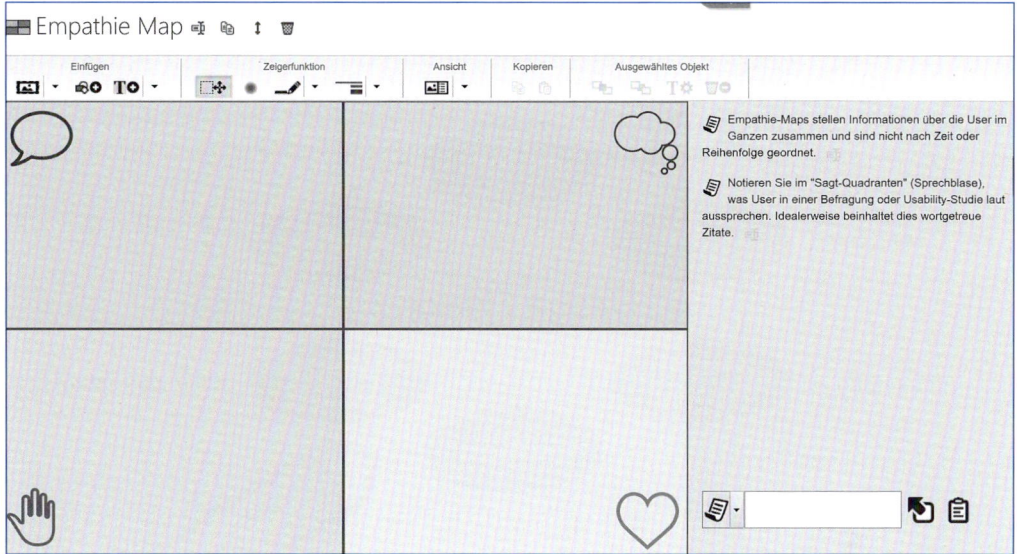

Abb. 32: Empathie-Map

Außer den anvisierten Usern können ExpertInnen befragt und Recherchen, z.B. zur Marktsituation des Produktes, durchgeführt werden.

Im Design-Thinking-Prozess gibt es wie in vielen anderen Prozessabläufen den Übergang von der Situations- oder auch Problemanalyse zur Zielfindung bzw. zum Brainstorming von möglichen Lösungen. Dieser Übergang muss gezielt gestaltet werden, damit überhaupt neue Perspektiven entfaltet bzw. umsetzbare Ziele gefunden werden können. Hierfür ist eine Musterzustandsänderung nötig, die von einem Problemzustand in einen emotional positiv besetzten Lösungszustand führt. Sie geht mit neuronalen Veränderungen einher, welche die Basis für Kreativität sind. Dies wurde im Kap. 4.3 bei der Darstellung des Coaching-Prozesses der Karlsruher Schule beschrieben. Neuro-Leadership bezieht sich ebenfalls auf diese Zusammenhänge.

Änderung des Musterzustands

Im Design-Thinking-Prozess geht es bei der Entwicklung der idealen Lösung um eine solche Musterzustandsänderung. Sie kann angebahnt werden, indem eine gelungene Lösung visualisiert und nachempfunden wird. Dies ist ein wichtiger Schritt zum Prototyping. Daher wird das Bild aus Abb. 30 in Abb. 33 (Folgeseite). um dieses essenzielle Vorgehen ergänzt

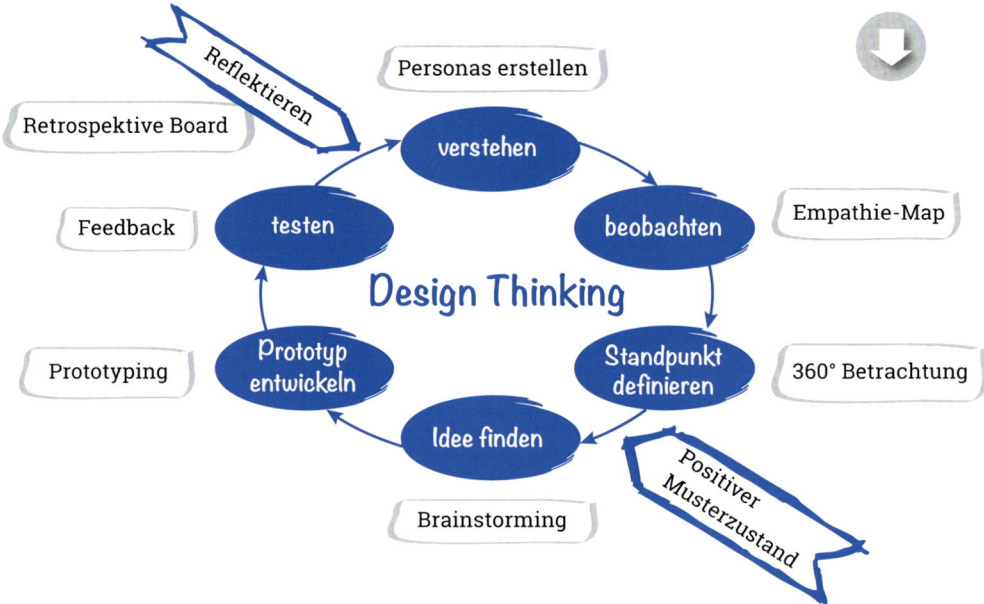

Abb. 33: Design-
Thinking-Prozess plus
positiver Musterzustand
Coaching-Kompetenzen sind somit auch für die erfolgreiche Durchführung von Design-Thinking-Prozessen wichtig.

Das Prototyping wird mit kreativen Tools unterstützt. Hierfür können
Visualisierungen mit Bildern und Symbolen hilfreich sein.

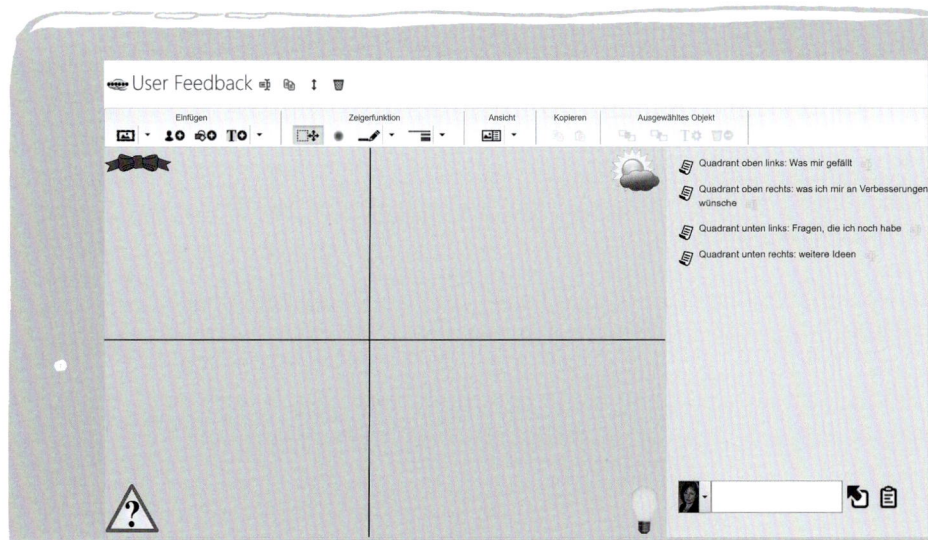

Abb. 34: User Feedback mit Fragen im Chat

Um möglichst schnell Feedback der KundInnen einzuholen, kann ein Feedback-Erfassungsraster mit vier Quadranten genutzt werden (Lewrick et al., 2017). Abb. 34 zeigt seine Umsetzung in CAI.

Das Retrospektive Board unterstützt die Teams beim regelmäßigen Feedback. Es wurde bereits bei Scrum (s. Kap. 5.4.2) dargestellt.

Vorgehensweisen, mit denen Design Thinking leicht kombiniert werden kann, sind beispielsweise das „Jobs-to-be-done-Framework", der Value Proposition Canvas (s. Abb. 35) oder der Hook Canvas.

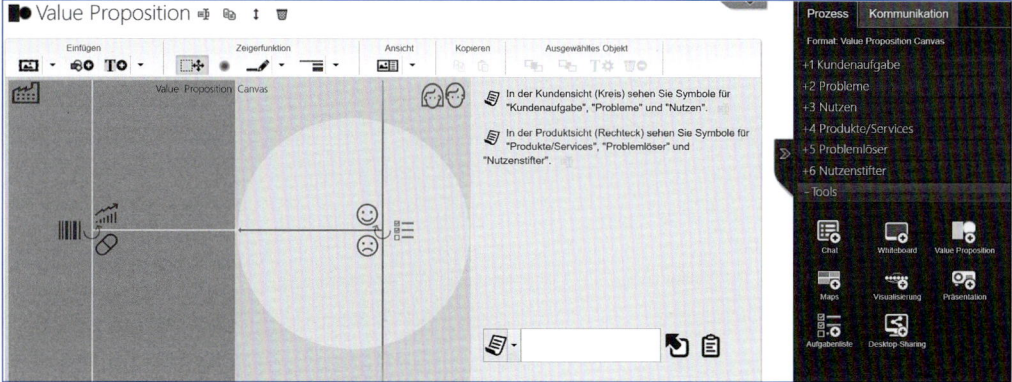

Abb. 35: Value Proposition Canvas

Hierbei werden interne und externe Auslöser für Verhaltensweisen der NutzerInnen gesucht. Danach wird überlegt, was die einfachste Aktion ist, die die NutzerInnen ausführen müssen, um belohnt zu werden bzw. wie es dazu kommen kann, dass Aktionen wiederholt ausgeführt werden (Lewrick et al., 2017).

5.4.4 Führen in verteilten Teams

Um zu klären, was virtuelle Teamarbeit bedeutet, unterscheiden wir sie gegenüber anderen Formen der virtuellen Zusammenarbeit, wie etwa dem Telecommuting und der Zusammenarbeit in virtuellen Teams und Gruppen. Die Abgrenzung, die Boos et al. (2017) hierzu anbieten, ist in der Abb. 36 (Folgeseite) aufgeführt.

Formen virtueller Zusammenarbeit

Telecommuting: Telearbeit Einzelner

Virtuelle Gruppen: eine Führungskraft führt einzelne TelearbeiterInnen, z.B. Call Center

Virtuelle Communities: freiwillige Zusammenschlüsse von Personen, die medial vermittelt kommunizieren

Virtuelle Teams: eine Gruppe von Personen, die voneinander abhängig sind bei der Erfüllung einer Aufgabe, die den gleichen Zweck hat und die medial vermittelt über Raum-, Zeit- und Organisationsgrenzen hinweg kommunizieren

Abb. 36: Formen virtueller Zusammenarbeit

Diese Definition stimmt mit der Teamdefinition von Vopel (1996) überein, nur dass das Team virtuell zusammenarbeitet:

Teamdefinition

> „Ein Team ist eine kleine Anzahl von Mitarbeitern, die über komplementäre Skills verfügen und die sich auf eine gemeinsame Aufgabe konzentrieren. Um diese Aufgabe zu lösen, die für den Erfolg des Unternehmens wesentlich ist, entwickeln die Teammitglieder Leistungsziele und eine Arbeitsstrategie, für die sie gemeinsam die Verantwortung übernehmen."

Vopel betont die Bedeutung von komplementären Kompetenzen der Teammitglieder, was bei agilen Ansätzen ebenfalls gefordert wird.

Virtuelle Teams sind wie andere Teams üblicherweise auf Zeit zusammen und gestalten Ergebnisse, die allen gemeinsam zugeschrieben werden. Wie andere Teams auch brauchen sie sachliche und personelle Ressourcen. Sie müssen sich über Termine verständigen, über ihre Arbeitsteilung, über Schnittstellen und Arbeitsmitteleinsatz. Konradt & Hertel (2002) schauen etwas genauer hin und unterscheiden virtuelle Teams nach den Merkmalen, die in Abb. 37 dargestellt sind.

Differenzierung virtueller Teams

	Grad der Autonomie und Hierarchie	
Hierarchische Führungsstruktur Autonomie der Mitglieder Beschränkt auf Einzelaufgaben		Selbstorganisation, jedes Mitglied kann Führungsaufgaben übernehmen, ModeratorInnen statt ManagerInnen
Befristete Zusammenarbeit, orientiert an einmaligen und kurzfristigen Projektzielen	Zeitperspektive	Langfristige Zusammenarbeit und Partnerschaft, orientiert an strategischen Zielen
Klare Grenzen des Teams Eindeutige Teamzugehörigkeit	Abgegrenztheit	Wechsel der Mitglieder nach Bedarf; Grenzen über organisationale Einheiten hinaus; Freelancer, Experten
Mitglieder aus ähnlichen Berufsfeldern innerhalb der gleichen Organisation	Komplexität	Mitglieder aus verschiedenen Berufsfeldern, Sprachräumen und Kulturen

Abb. 37: Differenzierung virtueller Teams nach Konradt & Hertel (2002), eigene Darstellung

Führen von verteilten Teams geht somit mit Führung auf Distanz einher und ist ein Teilbereich von Digital Leadership. Boos et al. (2017) unterscheiden vier Dimensionen von Distanz, deren Kombination bei den jeweiligen Teams die spezifischen Herausforderungen darstellen

Führung auf Distanz

Geografische Verteilung
Die physische Entfernung der Teammitglieder hat Einfluss darauf, wie häufig und intensiv sie interagieren können. Bei unterschiedlichen Zeitzonen ergeben sich mehr oder minder sehr unterschiedliche Arbeitszeiten.

Soziale Diversität
Eine hohe Diversität bezüglich individueller Merkmale, wie Alter, Geschlecht, Bildungsniveau und Erfahrung, und bezüglich sozialer Merkmale, wie Macht, Status und kultureller Hintergrund, gehen mit unterschiedlichen Werten und Normen einher, sowohl was das Führungsverständnis und damit die Erwartung an Führung anbelangt als auch was die Durchführung von Arbeitsprozessen und zwischenmenschlichen Interaktionen betrifft. Bei interkulturellen Teams wird meistens Englisch als gemeinsame Sprache gewählt, womit die Sprachbeherr-

schung eine weitere Herausforderung darstellt. Untertöne, Emotionen und nonverbale Hinweisreize sind nicht leicht zu vermitteln.

Anteil mediengestützter Kommunikation

Verteilte Teams arbeiten entweder ausschließlich medial vernetzt oder in einer Kombination mit Face-to-Face-Treffen. Die verwendeten Medien und Online-Tools spielen eine Rolle im Umgang mit Sach- und Kontextinformationen. Hierfür sind zuverlässige, technische Voraussetzungen und eine gute Internetanbindung nötig sowie die Kompetenz der Mitglieder, digital kommunizieren zu können, um Missverständnisse möglichst gering zu halten. Schreibbasierte Kommunikation verlängert dabei die Vorgänge.

Fluktuation und Netzwerkorganisation der Arbeit

Der Aufbau einer Vertrauenskultur stellt eine große Herausforderung in verteilten Teams dar. Wenn sich die personelle Zusammensetzung durch organisationale Gründe, insbesondere auch in global verteilten Teams, häufig ändert, kann der Aufbau von sozialen Bindungen erschwert werden. Auf der anderen Seite besteht die Möglichkeit, auf eine größere Auswahl von Personen mit spezifischen Expertisen und komplementären Kompetenzen zurückgreifen zu können und sich nicht regionalen Beschränkungen beugen zu müssen. Die Führungsaufgabe besteht im Herstellen von Commitment und Identifikation mit dem Teamzweck bzw. einem Teamgeist.

Wie Distanz wahrgenommen wird, lässt sich allerdings nicht an objektiven Merkmalen festmachen. Entscheidend ist die subjektiv wahrgenommene Distanz zwischen den Teammitgliedern und der Führung.

Führungsaufgabe in verteilten Teams

> Aufgabe der Führung in verteilten Teams ist die Koordination der Teamarbeit und die Förderung der Teambindung zur Verwirklichung der Organisationsziele. Die Führungsperson muss die Bedingungen schaffen, damit das Team produktiv sein kann, einen motivierenden Start ermöglichen und die laufende Teamarbeit coachen. Hierfür sollte sie die digitalen Voraussetzungen schaffen und Medienkompetenz, Medienkommunikationskompetenz und Coaching-Kompetenz aufbauen.

Führen in verteilten Teams setzt hohe Transparenz voraus. Die notwendige sorgfältige Dokumentation wirkt demokratisierend, da sich Hierarchie und Macht nicht so sehr auswirken können. Insgesamt verlangt die mediengestützte Kommunikation Klarheit und Sachbezug. Konflikte wirken sich somit nicht in dem Ausmaß aus, wie in zeitgleicher, physischer Co-Präsenz.

Prinzipiell gilt für virtuelle Teams, was auch für Face-to-Face-Teams gilt. So müssen nach dem GRPI-Modell folgende Themenfelder für eine gelingende Zusammenarbeit geklärt werden (Keller & Heckner, 2017):

GRPI-Modell

- ▶ G = Goals (Ziele festlegen)
- ▶ R = Roles (Rollen und Verantwortlichkeiten klären)
- ▶ P = Process (Arbeits- und Kommunikationsprozesse definieren)
- ▶ I = Interpersonal Relationship (Normen und Werte für die Beziehungsgestaltung reflektieren)

Konradt & Hertel (2002) sowie Boos et al. (2017) beschreiben folgendes Phasenmodell für die Teamentwicklung in verteilten Teams:

Phasen der Teamentwicklung

Phase 1: Die virtuelle Teamarbeit vorbereiten
- ▶ Teamarbeit planen
- ▶ Teamleitung, Rollen und Verantwortungen festlegen
- ▶ Teams zusammenstellen
- ▶ Ressourcen bereitstellen: technische Ausstattung
- ▶ Medienkompetenz trainieren

Phase 2: Start: Den Kick-off moderieren
- ▶ Gegenseitiges Kennenlernen (Vorbereitung mit Fotos bzw. Kurzprofilen, Agenda, ggf. Erwartungsabfrage)
- ▶ Über Sinn und Zweck der Teamarbeit informieren und Teamziele vereinbaren
- ▶ Aufgaben, Rollen, Verantwortungen klären
- ▶ Entscheidungsbefugnisse und Gestaltungsfreiräume klären
- ▶ Regeln der Zusammenarbeit und der Kommunikation vereinbaren

In Abb. 38 (Folgeseite) ist eine Übersicht dargestellt, die dem Team dabei hilft, sich über die Grundthemen der Zusammenarbeit zu verständigen.

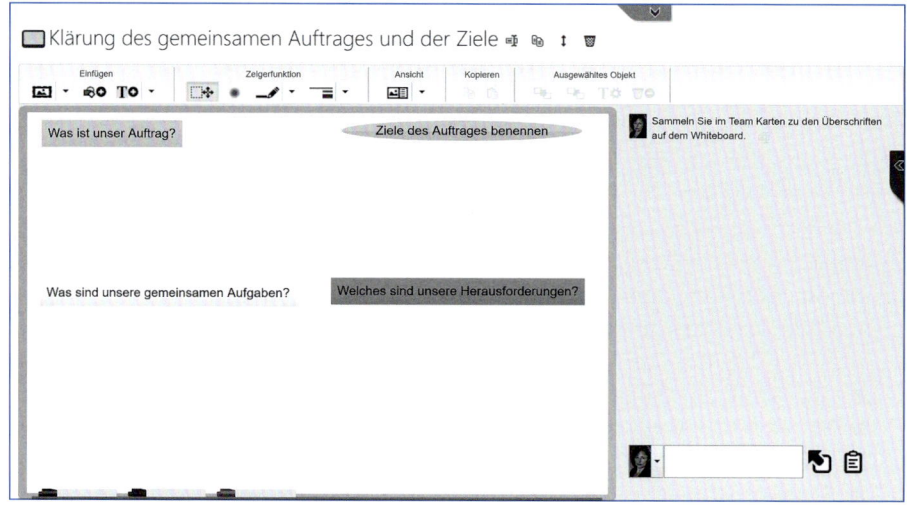

Abb. 38: Der gemeinsame Auftrag und die Ziele im Team werden geklärt

Abb. 39 zeigt, wie in einem Team sowohl Transparenz hergestellt als auch die Klärung von Rollen und Aufgaben online geschehen kann. Für jede Person wird ein entsprechendes Whiteboard gestaltet. Alle können sich daraufhin darüber verständigen.

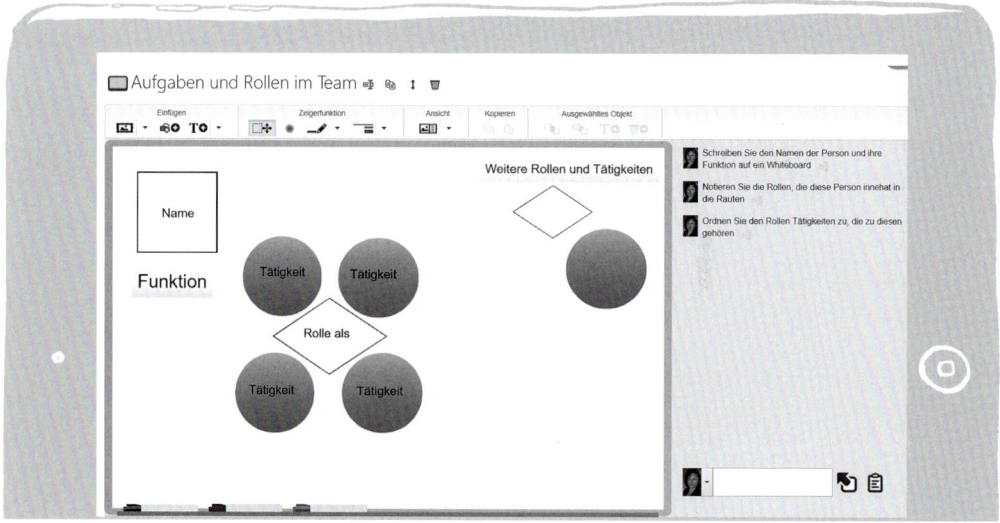

Abb. 39: Klärung von Aufgaben und Rollen im Team

Phase 3: Die laufende Teamarbeit koordinieren, optimieren und motivieren

- ▶ Teammeetings moderieren
- ▶ Unterschiedliche Meetingformate etablieren (s. agiles Management)
- ▶ Feedback-Kultur zur Optimierung der Effektivität und Effizienz der Teamarbeit schaffen
- ▶ Reflexionsprozesse zu den Arbeitsvorgängen und Interaktionen unterstützen
- ▶ Teamentwicklung zur Förderung von Identifikation und Vertrauen durchführen
- ▶ Regelmäßig Werte und Normen, die sich etablieren, kommunizieren
- ▶ Konfliktprophylaxe und wenn nötig Konfliktmanagement betreiben
- ▶ Tool-Einsatz zur virtuellen Zusammenarbeit überprüfen und ggf. verändern

In Abb. 40 ist ein Prozessformat dargestellt, das der Teamentwicklung dient. Die Teamentwicklung kann von Coachs durchgeführt werden. In diesem Fall sollte der Auftrag sowohl mit einem Auftraggeber oder einer Auftraggeberin als auch mit dem Team geklärt werden. Dies entfällt, wenn die Führungskraft selbst den Prozess durchführt.

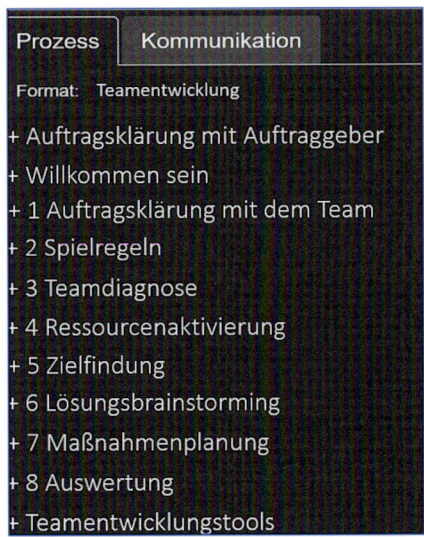

Abb. 40: Prozessablauf Teamentwicklung in der CAI® World

Abb. 41 zeigt, wie ein Team einer Dienstleistungsorganisation in einem regelmäßigen Teamentwicklungsprozess Werte und Normen reflektiert.

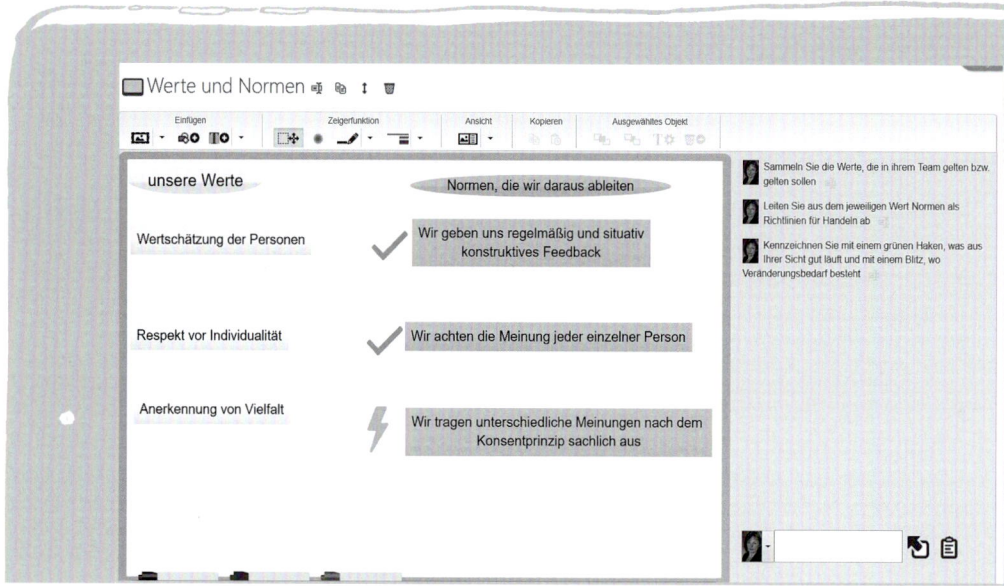

Abb. 41: Werte und Normen, reflektiert in der Teamentwicklung

Teams müssen immer wieder mit Konflikten innerhalb und außerhalb des Teams konstruktiv umgehen. Hierzu bieten Online-Vorgehensweisen vielfältige, sehr wirksame Möglichkeiten. Beispiele finden sich bei Berninger-Schäfer (2018 und 2017) sowie bei Zezula & Beer (2012).

Das Konfliktlösedreieck

Beispielhaft sei hier das Tool „Konfliktlösedreieck" aus dem Format „Konfliktmanagement" in Abb. 42 (Folgeseite) dargestellt. Es ermöglicht eine Sammlung von Bedingungen, die einen Konflikt aufrechterhalten und eine strukturierte Vorgehensweise, wie diese Bedingungen in Lösungen umgewandelt werden können. Wenn eine Gruppe oder ein Team mit dem Konfliktlösedreieck gemeinsam arbeitet, hat dies positive Auswirkungen auf die Motivation und die Handlungsfähigkeit, die nötig sind, um den Konflikt beizulegen.

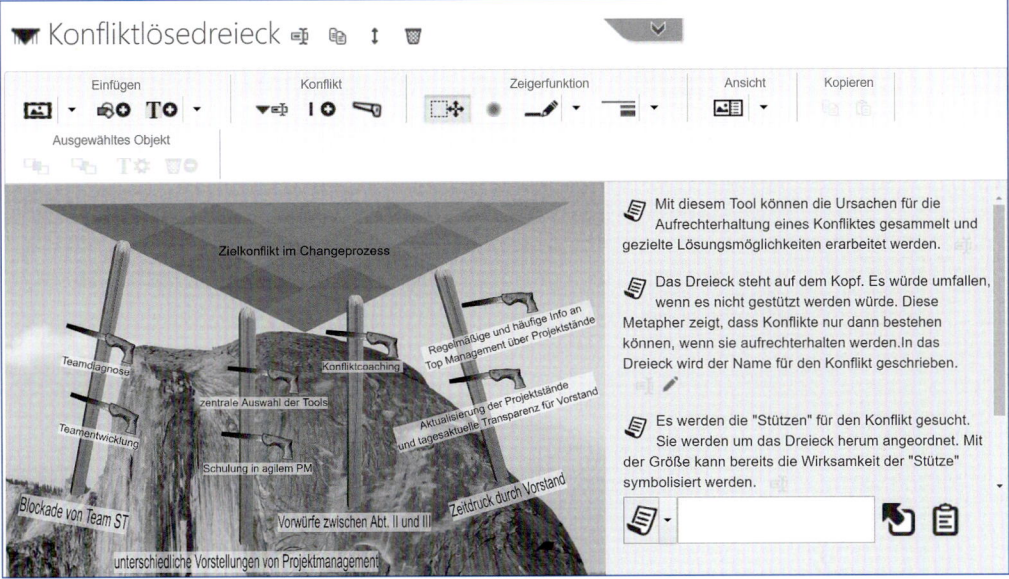

Abb. 42: Ein beispielhaftes Konfliktlösedreieck

Phase 4: Das Team wandeln oder auflösen
- Leistung anerkennen
- Personen wertschätzen
- Ergebnisse bewerten
- Den persönlichen und organisationalen Gewinn, der Lessons Learned, reflektieren
- Das Team auflösen oder einen Personalwechsel vorbereiten
- Veränderte Situationen und ihre Anforderungen klären
- Neuausrichtung

Führungsaufgabe ist es, nur so weit zu steuern, wie es für das Team angemessen ist, damit Verantwortung übernommen und gemeinsam getragen wird, sodass Selbstorganisation stattfinden kann (s. auch Anforderungen an Digital Leadership in Kap. 2).

Konradt & Hertel (2002) stellten in einer eigenen Studie fest, dass bei hoher gegenseitiger Abhängigkeit die Leistungen gegenüber geringerer Abhängigkeit der Aufgaben bzw. Einzelarbeit wesentlich steigen, dass die Fehlerrate abnimmt, genauso wie negative Beanspruchung. Die Autoren erklären diese Ergebnisse damit, dass bei hoher Abhängigkeit der persönliche Beitrag als wichtig oder gar unverzichtbar wahrgenommen wird, was die Motivation deutlich erhöht. Weiterhin

Leistungssteigerung bei hoher gegenseitiger Abhängigkeit

beschreiben die Autoren die Förderung der einzelnen Persönlichkeiten durch abwechslungsreiche Tätigkeiten, Verantwortung und Freiräume für eigene Ideen. Als besonders hilfreich hat sich zielorientierte Führung herausgestellt.

Breuer et al. (2016) fanden in ihrer Metaanalyse von 54 Studien mit insgesamt 1.850 Teams und 12.615 Personen heraus, dass Vertrauen zwischen den Teammitgliedern die Effektivität erhöht, da die Koordination und Kooperation der Teammitglieder besser funktioniert. Dieser Zusammenhang ist bei virtuellen Teams am höchsten. Die Dokumentation der Arbeitsschritte ist bei hohem Vertrauen am niedrigsten. Die Autoren kommen zu dem Umkehrschluss, dass die Dokumentation von Arbeitsschritten bei virtuellen Teams besonders wichtig ist, da sie evtl. vorhandenes, mangelndes Vertrauen ausgleichen kann.

Weitere begünstigende Kriterien

Weitere Kriterien für erfolgreiche Zusammenarbeit in virtuellen Teams beschreiben Konradt & Hertel (2002):

Entscheidungsspielraum und Zeitsouveränität
Hiermit ist das Ausmaß gemeint, in dem die Teammitglieder selbst über Ziele und Maßnahmen zur Zielerreichung entscheiden können. Hierfür brauchen sie alle für die Entscheidung notwendigen Informationen und die Anpassung von verfügbaren Zeiträumen.

Kontakt und Kooperation
Der Kontakt dient der Informationsweitergabe, gegenseitigen Feedback-Schleifen und den Möglichkeiten, sich mit KundInnen oder anderen Organisationseinheiten in Beziehung zu setzen. Für eine gelingende Kooperation sollte genügend Zeit für Absprachen und auch für informelle Gespräche zur Verfügung stehen.

Transparenz
Arbeitsaufgaben und -abläufe müssen in ihren inhaltlichen, zeitlichen und personellen Zusammenhängen sichtbar gemacht werden. Die Kenntnis von vor- und nachgelagerten Prozessen dient der sinnhaften Verortung der Teamaufgabe in der Organisation und trägt zur Sinnstiftung der Tätigkeit bei.

Variabilität von Aufgaben und Aufträgen
Der Umgang mit unterschiedlichen, nicht standardisierten Abläufen erhöht die Selbstgestaltung und Selbstwirksamkeit der Mitglieder. Die Autoren stellen fest, dass in erfolgreichen virtuellen Teams der

Anteil nicht aufgabenbezogener Kommunikation höher ist als in nicht erfolgreichen virtuellen Teams.

Stärkung des Wir-Gefühls

Zur Stärkung des Wir-Gefühls können besondere Aktivitäten stattfinden. Es kann sich hierbei um Treffen des Gesamtteams handeln oder um Jahrbücher, ein besonderer Auftritt im Intranet usw. Empfehlenswert ist regelmäßige Teamentwicklung, was mit Online-Formaten sehr gut unterstützt werden kann.

Das VIST-Modell

Abgeleitet aus Forschungsarbeiten zur Motivation in Gruppen und zur Spieltheorie beschreiben die Autoren das VIST-Modell zur Vorhersage von Vertrauen und Motivation in virtuellen Teams. VIST steht für Valence x Instrumentality x Self-Efficacy x Trust. Sie geben klare Hinweise für erfolgreiches Führungsverhalten in virtuellen Teams.

Hinweise für erfolgreiches Führungsverhalten in virtuellen Teams

Valence: Bedeutung der Gruppenziele für die einzelnen Mitglieder

Für die Führung ist es wichtig, die Ziele der Gruppe klar zu definieren und eventuelle Zielkonflikte mit persönlichen Zielen oder anderen Verpflichtungen, z.B. durch Mitgliedschaft in weiteren Teams, zu identifizieren.

Instrumentality: Bedeutung des eigenen Beitrags für den Erfolg des Teams

Teammitglieder sollten anerkennendes Feedback von der Führung und den KollegInnen über die Bedeutung ihres Beitrages erhalten.

Self-Efficacy: Vertrauen in die eigene Wirksamkeit

Teammitglieder brauchen Vertrauen darin, den notwendigen Beitrag für die Erreichung des Teamzieles leisten zu können. Die Führung kann die Selbstwirksamkeit stärken durch häufiges und konkretes Feedback zu positiven Auswirkungen der Arbeit und des Verhaltens der einzelnen Teammitglieder und des gesamten Teams.

Trust: Vertrauen innerhalb des Teams

Mitglieder eines Teams müssen darauf vertrauen können, dass die anderen Mitglieder ebenfalls ihren Beitrag zur Zielerreichung leisten werden. Führungskräfte sollten eine rege, offene und persönliche Kommunikation der Teammitglieder untereinander fördern, auch wenn sie nicht nur arbeitsbezogen ist. Vertrauen wird durch das Erleben von Kompetenz, Zuverlässigkeit, Erwartungstreue und Fairness innerhalb des Teams gebildet sowie durch die wahrgenommene Unterstützung durch die Teamleitung und die Organisation.

Zur Verwirklichung von gelingendem Digital Leadership in virtuellen Teams sollten Sie darauf achten, regelmäßige Teamentwicklung zu betreiben. Im Sinne einer agilen Vorgehensweise sollte es sich dabei um kurze Rückkoppelungsschleifen handeln.

5.4.5 Weitere agile und partizipative Methoden

Im Umfeld des agilen Managements tauchen Begrifflichkeiten auf, die sich auf den ersten Blick wie neuartige Methoden anhören. Sie verwirklichen zeitliche Kürze, Selbststeuerung und Improvisation. Die Rolle der Führung ist die der Ermöglichung. Einige dieser Begriffe mögen zu Buzz-Wörtern werden und die Zugehörigkeit zu einer Szene darstellen. Führungskräfte sollten sie kennen und einschätzen können. Die folgende Aufzählung hat keinen Anspruch auf Vollständigkeit. Sie ist vielmehr eine Zusammenstellung von typischen agilen und partizipativen Methoden, wie sie sich z.B. bei Buhse, 2014; Dick et al., 2016; Hofert, 2016; Petry, 2016 und Schültken, 2018 beschrieben finden.

Typische agile Methoden

Facilitation

Den partizipativen Vorgehensweisen ist gemeinsam, dass sie hierarchiefrei, interdisziplinär und selbstgesteuert sind. Agilität bezieht sich darauf, dass flexibel und schnell gehandelt wird, sodass über Rückkoppelungsschleifen aus Erfahrungen gelernt, Prozesse geändert und Entscheidungen revidiert werden können. Das setzt eine Bereitschaft zum Experimentieren und zu Fehlern voraus.

Führungskräfte fungieren als Enabler, indem sie Freiraum für diese Prozesse schaffen und eine Kultur der Begegnung auf Augenhöhe, der Offenheit und Vernetzung ermöglichen und unterstützen. Im Sinne von Ambidextrie (Beidhändigkeit) müssen sie entscheiden, wann es eher um Planung und Festlegung und wann um Selbststeuerung und Flexibilität geht. Im zweiten Fall hat die Führungskraft die Rolle eines Facilitators, der nicht über den Inhalt, sondern über die Form führt.

Facilitation bezieht sich auf die zeitlich und methodisch strukturierte Moderation von Gruppenprozessen, bei denen sich die einzelnen Personen aus festgefahrenen Denk- und Verhaltensweisen lösen sollen, sodass neue Wege eingeschlagen werden können.

Think Digital Screening

Im Think Digital Screening arbeiten Führungskräfte in agilen, hierarchiefreien, selbstorganisierenden Teams, die zufällig zusammengewürfelt werden und in kurzen Einheiten, z.B. von zwei Stunden, operieren. Sie bekommen Aufgaben gestellt, wie z.B. zukünftig Führung in der Organisation gelebt werden soll, um anstehende Herausforderungen und Erwartungen von KundInnen und Mitarbeitenden zu erfüllen. Hierzu werden Informationen über den aktuellen Stand (Leitlinien, Umfragen, Kultur, Prozesse, Maßnahmen der Organisations- und Personalentwicklung usw.) ausgewertet, ein Idealbild erstellt und aus der Abweichung zwischen Ist- und Sollbild werden Ziele und Maßnahmen abgeleitet.

Jam

Eine Jamsession beim Jazz bedeutet, dass eine Melodie und ein Zeitrahmen vorgegeben werden, die Musiker aber alles Weitere auf der Bühne improvisieren.

Im Online-Geschehen bezieht sich Jam darauf, dass sich viele Personen virtuell als Großgruppe zu einem bestimmten Thema in einem festgelegten Zeitraum (kann über Tage gehen) zusammenfinden, um kollektives Wissen, z.B. für ein Online-Brainstorming, zu nutzen.

Open Space

Open Space gilt als Workshop-Methode in Großgruppen, bei dem die Teilnehmenden selbstgesteuert Themen einbringen und sich gegenseitig unterstützen, um Teilthemen für ein umfassenderes, übergeordnetes Thema zu finden und Energie für das Thema aufzubauen.

Barcamp

Die Teilnehmenden klären zu Beginn eigenständig, welche Themen in welchem Zeitraum in gleichzeitig ablaufenden Sessions mit welcher Methode vertieft werden sollen – und wie sie anschließend zu einem Gesamtergebnis zusammengeführt werden.

Hackathon

Hackathon stammt wie viele der agilen Methoden aus der IT-Szene und setzt sich zusammen aus den Begriffen „Hacken" und „Marathon". Ein gemischtes Team beschäftigt sich intensiv über einen gewissen Zeitraum hinweg (mehrere Stunden) mit der Erledigung einer Aufgabe (z.B. dem Erstellen eines Konzeptes, dem Programmieren eines Softwarecodes oder der Umsetzung eines Prototypen).

FedEx Day

So wie FedEx (Kurierdienst) seine Waren innerhalb von 24 Stunden ausliefert, handelt es sich beim FedEx Day um ein Prinzip, ein Ergebnis innerhalb dieses Zeitraumes zu erzielen.

Fokuszeit

Zu einer bestimmten Zeit am Tag wird ungestört gearbeitet, ohne Ansprachen, E-Mails und Anrufe. Teams können herausfinden, wann und wie lange dies für sie angemessen ist.

Daily

Ein Daily oder Daily-Stand-up-Meeting bezieht sich auf das tägliche, kurze Treffen einer Arbeitsgruppe oder eines Teams. Die Mitglieder informieren sich dort gegenseitig über den aktuellen Stand der Arbeitspakte, klären gegenseitige Abhängigkeiten und unterstützen sich bei Problemlösungen. In der Face-to-Face-Variante wird das Daily meist als regelmäßiger Termin im Stehen durchgeführt, da es kurz sein sollte

Abb. 43: Daily mit Fragen im Chat

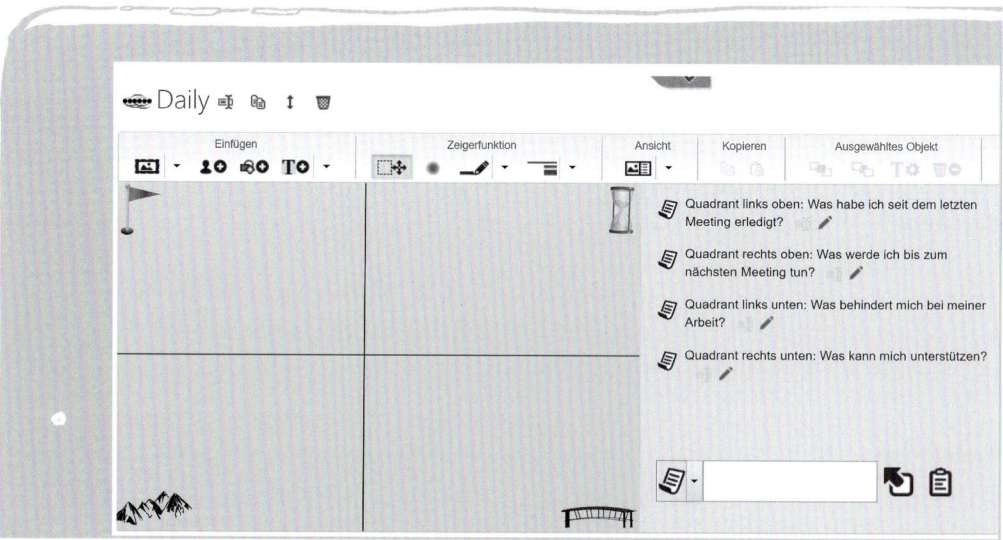

(ca. 15 Minuten). Visualisierung und eine einfache Map unterstützen das Team, wenn das Format online durchgeführt wird. Ein Daily ist, wie bereits in Kap. 5.4.2 beschrieben wurde, ein fester Bestandteil von Scrum und wird als Online-Tool in Abb. 43 dargestellt.

Der häufige Rhythmus unterstützt die enge Vernetzung und reibungslose Abläufe, klärt Probleme frühzeitig und lässt schnelle Korrekturen zu, fördert die Kommunikation, die Offenheit und das Vertrauen, womit auch Konfliktprophylaxe betrieben werden kann.

Lean Start-Up

Das Vorgehen von Start-Up-Unternehmen, die meist mit wenig Geld zu vorzeigbaren Produkten kommen müssen, wird bei dieser Methode auf größere Unternehmen übertragen. Es geht darum, ein sogenanntes MFP, ein „minimal funktionsfähiges Produkt" auf den Markt zu bringen und dabei schnell zu überprüfen, ob es Kundenbedürfnissen entspricht. Durch das damit gewonnene Wissen sollen frühzeitige Anpassungen ermöglicht werden und die weiteren Planungen sollen sich danach ausrichten.

MFP

Die Umsetzung von Digital Leadership kann vielfältig in verschiedenen Formaten geschehen. Sie kann mit Online-Prozessabläufen und Online-Tools sinnvoll unterstützt werden. Damit dies erfolgreich geschehen kann, brauchen Führungskräfte und auch Mitarbeitende bestimmte Kompetenzen, womit sich das nächste Kapitel beschäftigt.

6 Kompetenzen für Digital Leadership

> „Digitale Führungskompetenz ist im digitalen Zeitalter alternativlos."
> (Ciesielski & Schutz, 2016)

Führungskompetenz ist unbestritten nötig, wenn es um Digital Leadership geht. Sie genügt aber nicht, wenn nicht weitere Kompetenzen hinzukommen. Es geht um die Fähigkeiten, sowohl Führung über Medien umsetzen zu können als auch die Führungstätigkeit durch Medien sinnhaft unterstützen zu können. Beide Bereiche werden in den kommenden Abschnitten in ihrer Verbindung betrachtet. Zunächst klären wir den Begriff Kompetenz, bevor Sie eine Übersicht über Kompetenzfelder von Digital Leadership erhalten.

6.1 Der Kompetenzbegriff

Kompetenzen werden erst im Tun sichtbar

Kompetenzen werden zwar als Teil der Persönlichkeit verstanden, haben aber nicht den Stellenwert übergeordneter, stabiler Persönlichkeitseigenschaften. Sie beziehen sich vielmehr auf Handlungsfähigkeiten, die lebenslang weiterentwickelt werden können. Sie integrieren verschiedene Lernergebnisse wie Wissen, Einstellungen, Werte, Fähigkeiten und Fertigkeiten (Weibler, 2012). Sie werden erst im Tun sichtbar. Es handelt sich dabei nicht einfach um Qualifikationen, welche über Zertifikate leicht überprüfbar sind. Sie können zwar mit diesen einhergehen, reichen jedoch viel weiter. Bei Qualifikationen findet eine Wissens- und ggf. Fertigkeitsschulung in einem bestimmten Tätigkeitsfeld statt, was jedoch noch nicht zwingend mit kompetentem Handeln einhergeht. Folgende Definition findet sich bei Erpenbeck & Heyse (2007):

Elke Berninger-Schäfer

Definition

> „Kompetenzen werden von Wissen fundiert, durch Werte konstituiert, als Fähigkeiten disponiert, durch Erfahrung konsolidiert und aufgrund von Willen realisiert."

Somit reicht alleine Wissen und Können nicht aus, der Kompetenzbegriff rückt die Handlungsorientierung in den Vordergrund. Dabei geht es um selbstorganisiertes und situatives Handeln.

Handlungsorientierung

Erpenbeck & Heyse haben mit KODE® ein wissenschaftlich fundiertes Vorgehen zur Selbsteinschätzung entwickelt, das sich auf vier Basiskompetenzen bezieht:

Vier Basiskompetenzen

▶ *P = Personale Kompetenz* (Bereitschaft zur Selbstentwicklung, Selbstreflexions-, Leistungs- und Lernbereitschaft, Offenheit, Risikobereitschaft, Belastbarkeit, Glaubwürdigkeit, Emotionalität, Flexibilität)

▶ *A = Aktivitäts- und handlungsbezogene Kompetenz* oder umsetzungsbezogene Kompetenz (Wissen und Können, um Pläne, Werte und Ideale autonom und aktiv umzusetzen; hierzu gehören Entscheidungsfähigkeit, Gestaltungswille, Tatkraft, Mobilität, Belastbarkeit, Optimismus, Beharrlichkeit, Initiative)

▶ *F = Fachlich-methodische Kompetenz* (Nutzen von fachlich-methodischem Wissen, um komplexe Problemlagen einzuschätzen und lösungsorientiert bearbeiten zu können; hierzu gehören z.B. Allgemein- und Fachwissen, organisatorische Fähigkeiten, betriebswirtschaftliche Kenntnisse, EDV-Wissen, fachliche Fähigkeiten und Fertigkeiten, Markt-Know-how, Gefühl für künftige Entwicklungen, Sprachkenntnisse, unternehmerisches Denken und Handeln, analytisches Denken, konzeptionelle Fähigkeiten, strukturierendes Denken, das Erkennen von Zusammenhängen und Wechselwirkungen)

▶ *S = Sozial kommunikative Kompetenz* (mit anderen Personen kooperativ und kreativ zu kommunizieren, sich beziehungsorientiert zu verhalten, kompromissfähig zu sein; hierzu gehören Teamfähigkeit, Empathievermögen, Kooperations- und Konfliktlösebereitschaft, Kommunikationsfähigkeit)

Diese Kompetenzen werden jeweils mit 16 Teilkompetenzen konkretisiert, sodass ein Kompetenzatlas von insgesamt 64 Teilkompetenzen entsteht, wobei sich alle Kompetenzbereiche gegenseitig ergänzen und überlappen können.

Die Auswertung des KODE® ermöglicht eine Visualisierung des aktuell erfassten Kompetenzprofils in einer grafischen Darstellung und die Festlegung von Entwicklungsthemen. Bei der Besprechung der Auswertung gemeinsam mit den eingeschätzten Personen wird der Blick auf Kompetenzen und Stärken gelegt, nicht auf Schwächen. Diese entstehen nach Auffassung der Autoren eher aus überzogenen Stärken.

Während bei Kode® der Fokus auf dem Individuum in Bezug auf seine Umwelt liegt, werden mit KODE®X die strategisch bedeutsamen Kompetenzanforderungen an bestimmte Personengruppen in Organisationen definiert.

Ciesielski & Schutz (2016) betrachten digitale Führungskompetenz als Querschnittskompetenz, die verschiedene Teil- und Schlüsselkompetenzen beinhaltet. Sie werden im nächsten Kapitel vertieft.

6.2 Digitale Führungskompetenzen

In ihrer Masterarbeit verfolgte Marion Hoßbach das Ziel, ein Kompetenzprofil für digitale Führung zu entwickeln, das den Anforderungen der digitalen Transformation gerecht wird (Hoßbach, 2017). Hierzu wurden mehrere relevante Studien ausgewertet. Über eine inhaltsanalytische Methode konnten die am häufigsten genannten Kompetenzen für digitale Führung extrahiert werden. Es wurden 16 Teilkompetenzen und drei übergreifende Kompetenzen identifiziert. Es zeigte sich, dass personale und sozial-kommunikative Kompetenzen, gemessen an der Anzahl der genannten Teilkompetenzen, eine große Bedeutung bekommen, gefolgt von Aktivitätskompetenzen, während methodische und professionelle Kompetenzen mit weniger Teilkompetenzen genannt wurden.

Hoßbach orientierte sich bei ihrer Untersuchung ebenfalls an dem Kompetenzmodell von Erpenbeck und Heyse und beschrieb das in Tabelle 10 zusammengefasste Kompetenzprofil eines Digital Leaders.

Sozial-kommunikative Kompetenz	Personale Kompetenz
➤ Kommunikationskompetenz ➤ Kooperationskompetenz ➤ Anpassungsfähigkeit ➤ Beratungsfähigkeit ➤ Verständnis	➤ Offenheit für Veränderung ➤ Loyalität ➤ Kreativität ➤ Selbstverantwortung ➤ Mitarbeiterentwicklung
Aktivitäts- und Handlungskompetenz	**Fachliche und methodische Kompetenz**
➤ Entscheidungsfähigkeit ➤ Proaktives Handeln ➤ Innovationsfähigkeit ➤ Tatkraft	➤ Systematisch-methodisches Vorgehen ➤ Expertise

Tabelle 10: Kompetenzen eines Digital Leaders nach Hoßbach, 2017

Diese Auswahl an Teilkompetenzen passt genau zu den Anforderungen an Digital Leadership, wie sie Petry (2016) in dem VOPA+ Modell, basierend auf Buhse, 2014 beschreibt und das in Abb. 44 dargestellt ist.

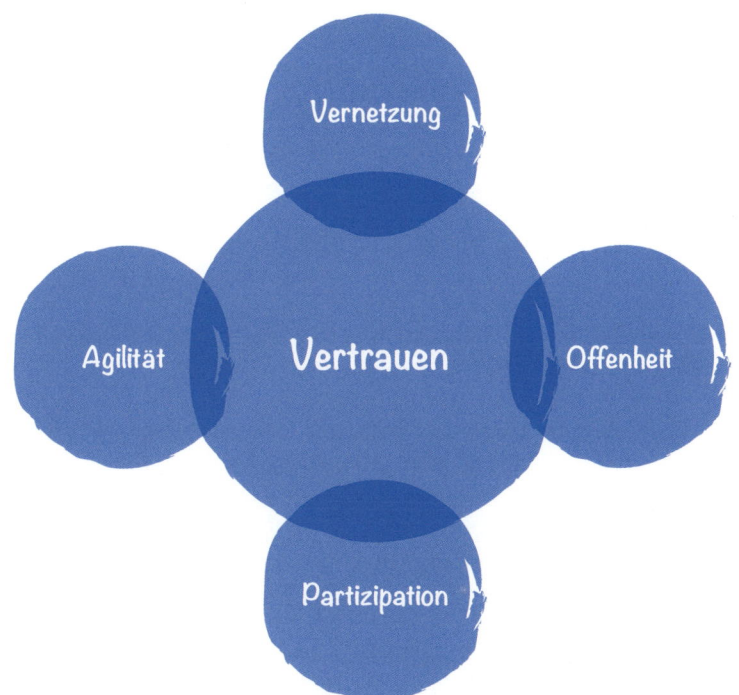

Abb. 44: VOPA+ Modell in Anlehnung an Petry, 2016

Offenheit steht für eine individuelle, kollektive und organisationale Perspektive. Sie kann als Offenheit zu lernen und zur Veränderung beschrieben werden, was angesichts der sich ständig verändernden Umweltbedingungen eine große Rolle spielt. Die vier Faktoren von Petry sind in der unten stehenden Tabelle 11 kursiv zugeordnet. „Agilität" zählt hier als Anpassungsfähigkeit zu den sozial-kommunikativen Kompetenzen. Als methodisches Vorgehen könnte sie auch den fachlich-methodischen Kompetenzen zugeordnet werden. Der Aspekt „Selbstverantwortung" wird noch mit „Selbstorganisation" ergänzt, da laut Ciesielski & Schutz (2016) in Zeiten zunehmender Komplexität die Fähigkeit zum selbstorganisierten Handeln zur Erfolgskompetenz schlechthin wird.

Sozial-kommunikative Kompetenz	**Personale Kompetenz**
➤ Kommunikationskompetenz ➤ Kooperationskompetenz *Vernetzung (Petry, 2016)* *Partizipation (Petry, 2016)* ➤ Anpassungsfähigkeit *Agilität (Petry, 2016)* ➤ Beratungsfähigkeit ➤ Verständnis	➤ Offenheit für Veränderung *Lernbereitschaft (Petry, 2016)* ➤ Loyalität ➤ Kreativität ➤ Selbstverantwortung *Selbstorganisation (Ciesielski & Schutz, 2016)* ➤ Mitarbeiterentwicklung
Aktivitäts- und Handlungskompetenz	**Fachliche und methodische Kompetenz**
➤ Entscheidungsfähigkeit ➤ Proaktives Handeln ➤ Innovationsfähigkeit ➤ Tatkraft	➤ Systematisch-methodisches Vorgehen ➤ Expertise *Agile Prozessteuerung (Petry, 2016)*

Tabelle 11: Eine ergänzte Auflistung der Kompetenzen eines Digital Leaders

Vier Faktoren von Agilität

Der Agilitätsbegriff wird von Lombardo und Eichinger (2000) als Learning Agility mit vier Faktoren beschrieben:

1. „People Agility beschreibt Personen, die sich selbst gut kennen, aus Erfahrung lernen, sich anderen gegenüber konstruktiv verhalten und unter Veränderungsdruck gelassen und resilient bleiben.

2. Results Agility beschreibt Personen, die unter schwierigen Bedingungen Ergebnisse erzielen, andere inspirieren, über das normale Maß hinauszugehen und eine Art der Präsenz verkörpern, die Vertrauen aufbaut.

3. Mental Agility beschreibt Personen, die aus einer frischen Perspektive über Probleme nachdenken, vertraut mit Komplexität und Vieldeutigkeit sind und anderen ihre Denkweisen erklären.

4. Change Agility beschreibt Personen, die neugierig sind, eine Leidenschaft für neue Ideen haben, mit Prototypen gerne experimentieren und sich engagieren, neue Fertigkeiten und Fähigkeiten zu entwickeln." (zit. nach Ciesielski & Schutz, 2016).

Diese vier Faktoren können der Personalen Kompetenz (People Agility und Mental Agility), der Aktivitäts-/Handlungskompetenz (Teile von Results Agility), der Fach- & Methodenkompetenz (Change Agility) und der Sozial-Kommunikativen Kompetenz (Teile von Results Agility) zugeschrieben werden.

Hoßbach fand in ihrer Studie weiterhin heraus, dass folgende übergreifende Kompetenzen zum Kompetenzprofil eines Digital Leaders gehören:

Digitale Kompetenzen

Interkulturelle Kompetenz
- ▶ Angemessene Kommunikation und Kooperation von Personen aus unterschiedlichen Kulturkreisen
- ▶ Anerkennung von Diversität

Digitale Medienkompetenz
- ▶ Sozial verantwortlicher, selbstbestimmter und kompetenter Umgang mit unterschiedlichen Medien
- ▶ Aktiver Einsatz sozialer Medien
- ▶ Kenntnis von IT-Entwicklungen und digitalen Lösungen

Netzwerkkompetenz
- ▶ Fähigkeit zu vernetzten Aktivitäten
- ▶ Wissensmanagement im Sinne von Teilen von Wissen
- ▶ Nutzen von komplementären Ressourcen
- ▶ Vertrauen in die NetzwerkpartnerInnen
- ▶ In Gang setzen von Diskussionen
- ▶ Austausch und Zusammenarbeit mit dem IT-Bereich

Diese Ergebnisse widerlegen die Aussage von Fatzer, wonach im Zusammenhang mit der digitalen Transformation in Unternehmen die Kernkompetenzen guter Führungskräfte nicht digitaler Natur seien, sondern vielmehr emotionale Intelligenz und Kompetenz, interpersonelle und interkulturelle Kompetenz sowie die Fähigkeit, Hilfe zu geben und entgegenzunehmen (Fatzer, 2018). Wie bereits in Kap. 4 dargestellt, sind all diese Kompetenzen wichtig, aber nicht ausreichend für Digital Leadership, denn die digitalen Kompetenzen sind unerlässlich für eine sinnhafte Umsetzung von Digital Leadership.

Zur Umsetzung all der genannten Kompetenzfelder ist bei Digital Leadership die digitale Kompetenz eine grundlegende Schlüssel-/Querschnittskompetenz, denn sie ist die Voraussetzung, dass sich alle anderen Kompetenzen auswirken können, wenn sie digital gelebt werden sollen. Ebenfalls zentral sind Coaching-Kompetenzen, insbesondere Kompetenzen im Online-Coaching. Beidem ist bei der Professionalisierung von Digital Leadership Rechnung zu tragen.

6.3 Kompetenzentwicklung mit Coaching

In Kapitel 4.3 wurde mit dem Coaching-Konzept der Karlsruher Schule ein grundlegendes Coaching-Verständnis und der Zusammenhang zu Digital Leadership dargestellt.

Die Qualität von Digital Leadership steigt, wenn Coaching in Anspruch genommen wird bzw. Coaching-Kompetenzen erworben werden. Welchen Einfluss dies auf die dargestellten Kompetenzfelder von Digital Leadership hat, zeigen die Tabellen 12a und 12b.

Aktivitäts- und Handlungskompetenz	Professionalisierung durch ...
Entscheidungsfähigkeit ▶ Kontext- und situationsabhängig Alternativen reflektieren und emotional positiv besetzte Musterzustände online abrufen können	▶ Führungskräfte lernen Online-Coaching-Prozesse, die zu Entscheidungen über Ziele und Lösungen führen
▶ Somatische Marker bei sich und anderen online wahrnehmen und in Entscheidungsprozesse einbinden können	▶ Führungskräfte lernen, ganzheitliche Zustände (Musterzustände) unter Berücksichtigung von körperlichen Signalen zu erkennen und diese gezielt zu verändern
Proaktives Handeln ▶ Ressourcen, die der Problemlösung dienen, online aktivieren können	▶ Führungskräfte lernen Coaching-Techniken, wie sie Ressourcen online aktivieren können
▶ Verschiedene Online-Formate der agilen Zusammenarbeit auswählen und durchführen können	▶ Führungskräfte lernen, wie sie Online-Formate gestalten und einsetzen können. Sie gewinnen Online-Formatkompetenz

Tatkraft	
▸ Erwünschte Handlungsroutinen durch klare Zielsetzung, konkrete Maßnahmenplanung und Transferunterstützung (on the job, on demand) online entwickeln können	▸ Führungskräfte lernen Coaching-Techniken, wie sie emotional positiv besetzte Zielzustände online erreichen können, damit geplante Maßnahmen auch in die Tat umgesetzt werden
Sozial-kommunikative Kompetenz	**Professionalisierung durch ...**
Kommunikationskompetenz	
▸ Emotional intelligent auf die Mitteilungen anderer Personen reagieren können, auch wenn nur wenige Medienkanäle zur Kommunikation verfügbar sind	▸ Führungskräfte üben Online-Gesprächsführungstechniken für empathische Online-Kommunikation (Online-Lesen,-Hören,-Schreiben und -Sprechen)
▸ Verschiedene Gesprächssettings professionell gestalten können, z.B. Feedback-, Klärungs- oder Konfliktgespräche	▸ Führungskräfte können Online-Formate für unterschiedliche Gesprächssettings prozesshaft einsetzen
Kooperationskompetenz	
▸ Anderen Personen wertschätzend, empathisch, respektvoll, akzeptierend und authentisch online begegnen können	▸ Führungskräfte üben sich in einer Coaching-Haltung, bei der sie authentisch bleiben und gleichzeitig die anderen Personen in den Mittelpunkt stellen
▸ Vertrauen und Offenheit in den digitalen Führungsbeziehungen entwickeln können	▸ Führungskräfte lernen, ihre Medienkommunikationskompetenz für die Gestaltung von Online-Führungsbeziehungen auszubauen
▸ Vernetzung Ein konstruktives Arbeitsklima mit Begegnungen auf Augenhöhe online fördern können	▸ Führungskräfte lernen, ihre Online-Kommunikation positiv zu konnotieren und dadurch ein konstruktives Arbeitsklima herzustellen
▸ Partizipation Kommunikations- und Lösungsprozesse transparent gestalten können	▸ Führungskräfte lernen, wie sie Online-Tools einsetzen können, um für einen berechtigten Personenkreis jederzeit alle Anforderungen an eine transparente Prozessgestaltung erfüllen zu können
▸ Die Selbstverantwortung der handelnden Personen stärken können	▸ Führungskräfte lernen, wie sie mit ihren erworbenen Online-Coaching-Kompetenzen ohne Lösungsvorgaben andere Personen dabei unterstützen, zu eigenen Lösungen zu gelangen

Anpassungsfähigkeit *Agilität* ▶ Die Ressourcen von Personen, Gruppen und Teams für agile Prozesse aktivieren können	▶ Führungskräfte lernen, wie sie agile Führungsprozesse online gestalten
▶ Die Motivation von Personen, Gruppen und Teams durch Sinnstiftung und Ermächtigung abrufen können	▶ Führungskräfte lernen, wie sie Personen, Gruppen und Teams online coachen können, sodass diese selbstkongruente Ziele entwickeln, für deren Umsetzung sie motiviert sind
Beratungsfähigkeit	▶ Professionelle Online-Coaching-Kompetenzen erwerben
Verständnis	▶ Führungskräfte lernen Methoden der Medienkommunikation kennen, sodass sie Online-Botschaften verstehen und dieses Verständnis auch zurückspiegeln können
Personale Kompetenz	**Professionalisierung durch …**
Offenheit für Veränderung *Lernbereitschaft*	▶ Führungskräfte lernen, Ziele in individuellen und kollektiven Coaching-Prozessen und im Transfercoaching regelmäßig online zu reflektieren und zu klären
Loyalität	▶ Führungskräfte lernen, Werte und Sinn ihrer Führungstätigkeit im Coaching und im Selbstcoaching online zu reflektieren und daraus Schlüsse zu ziehen
Kreativität	▶ Führungskräfte lernen, regelmäßig Kreativitätstools im Online-Coaching einzusetzen, z.B. wie sie mit unterschiedlichen Perspektiven bei einem Lösungsbrainstorming oder einer Ressourcenaktivierung arbeiten können

Selbstverantwortung *Selbstorganisation* ▶ Selbstreflexion	▶ Führungskräfte lernen, sich selbst mit Online-Techniken zu coachen sowie externe oder kollegiale Online-Coachings in Anspruch zu nehmen
▶ Sich selbst durch eine asketische Haltung, die dem Entwicklungsprozess einer anderen Person (Gruppe/Team) dient, managen können	▶ Führungskräfte lernen, eine Haltung der Askese und der Achtsamkeit in der Rolle als Online-Coach einzuüben
▶ Sich selbst in einer erwünschten Rollengestaltung sowie einem gesundheitsorientierten Führungsverhalten steuern können	▶ Führungskräfte lernen, ihr Gesundheitsverhalten durch Online-Coaching vorbildlich zu gestalten
Mitarbeiterentwicklung ▶ Wertfrei mit den Themen anderer Personen umgehen können	▶ Führungskräfte lernen, Erfahrungen im kollegialen Online-Coaching zu sammeln und dadurch zu erleben, wie sich Perspektivenvielfalt auswirkt
▶ Eigene Wahrnehmungen, Hypothesen, innere Bilder und Ideen von denen des Gegenübers als getrennt wahrnehmen können	▶ Führungskräfte lernen, eine Haltung der Askese und der Achtsamkeit in der Rolle als Online-Coach
▶ Sich und anderen gegenüber achtsam sein	▶ Führungskräfte lernen die besonderen Kenntnisse über Wahrnehmungen bei der Online-Kommunikation im Online-Coaching kennen und üben diese ein

Fachliche und methodische Kompetenz	Professionalisierung durch ...
Systematisch-methodisches Vorgehen ▶ Problemlöseprozesse steuern können	▶ Führungskräfte lernen, Online-Formate für Problemlöseprozesse professionell zu nutzen
▶ Verteilte Teams führen können	▶ Führungskräfte lernen, Teams online zu führen und zu entwickeln
▶ Konfliktmanagement beherrschen	▶ Führungskräfte lernen, Online-Formate für Konfliktmanagement professionell zu nutzen
Expertise ▶ Verbale und nonverbale Kommunikationstechniken und Gesprächsformen in unterschiedlichen Führungsformaten umsetzen können	▶ Führungskräfte lernen, professionell online über vielfältige Medien zu kommunizieren und hierfür passgenaue Formate und Tools einzusetzen
Agile Prozesssteuerung ▶ Veränderungsprozesse agil steuern können	▶ Führungskräfte üben Online-Formate eines agilen Managements ein

Tabelle 12a: Entwicklung der Basiskompetenzen mit Coaching

Hier die Umsetzung der Querschnittskompetenzen für Digital Leadership aus der Studie von Hoßbach (2017):

Querschnittskompetenz	Professionalisierung durch ...
Interkulturelle Kompetenz	▶ Führungskräfte lernen, mit interkulturell bedingten Unterschieden insbesondere auch mit medial vermittelten Symbolen in der Online-Kommunikation umzugehen
Digitale Medienkompetenz	▶ Führungskräfte lernen, vielfältige Online-Medien im Führungsprozess zu nutzen und dafür eine professionelle und achtsame Medienkommunikation einzuüben
Netzwerkkompetenz	▶ Führungskräfte lernen, Online-Formate der Zusammenarbeit in Netzwerken professionell zu nutzen ▶ Führungskräfte lernen, in Netzwerken Wissen online zu erarbeiten, zu verbreiten, zu sichern und weiterzuentwickeln

Tabelle 12b: Entwicklung der Querschnittskompetenz mit Coaching

Die Umsetzung der Professionalisierung von Digital Leadership in den dargestellten Kompetenzfeldern erfordert eine Lernarchitektur, die den Anforderungen der Arbeitswelt 4.0 gerecht wird. Die Konsequenzen für passgenaue, kompetenzorientierte Lehr- und Lernformen werden beispielsweise im Hochschul-Bildungs-Report 2020 (http://www.hochschulbildungsreport2020.de/hochschulbildung_4_0, eingesehen am 21.02.2019) oder in der Position der UAS7-Hochschulen für Angewandte Wissenschaften (Kreulich et al., 2016) beschrieben. An ihnen orientiert sich die im folgenden Kapitel dargestellte Lernarchitektur.

6.4 Lernarchitektur zur Kompetenzentwicklung für Digital Leadership

In systemischem Gedankengut stellt sich die Frage, wie man mit dem Paradoxon der Nichtsteuerbarkeit von Organisationen einerseits und der Notwendigkeit nach Führung für eine organisationale Weiterentwicklung mit Wertschöpfung für alle Systemeinheiten andererseits umgehen kann. Checklisten und Handlungsleitfäden sind hierfür nicht wirklich hilfreich.

Aufgrund der in Kap. 6.1 vorgestellten Kompetenzdefinition geht es bei der Entwicklung von Kompetenzen für Digital Leadership keinesfalls um reine Wissensvermittlung. Dies entspräche auch nicht mehr den Anforderungen an pädagogisch-didaktische Konzepte, die den aktuellen Herausforderungen der Lern- und Arbeitswelten gerecht werden (Kreulich et al., 2016; Stifterverband, 2016).

In ihrem Artikel „Die Zukunft von Führung ist kollektiv" hat Künkel (2017) eine Gegenüberstellung zwischen dem alten Führungsparadigma, bei dem Führung als individuelle Kompetenz betrachtet wurde, und dem neuen Paradigma von Führung als kollektiver Kompetenz vorgenommen. Im neuen Paradigma wird der Führungserfolg nicht einzelnen Führungskräften zugeschrieben, sondern einem System von Akteuren, die wechselseitig Führung in einem kooperativen, nicht hierarchischen Kontext übernehmen. Es geht um die gemeinsame Umsetzung von Zielen und eine kollektiv getragene Verantwortung, auch für gesellschaftliche Belange. Im Vordergrund steht die Vernetzung der verschiedenen Akteure in strukturierten Dialogen.

Herausforderung an die Kompetenzentwicklung

Die Fähigkeit, in komplexen Situationen mit vielfältigen Handlungsmöglichkeiten selbstorganisiert, eigenständig und kreativ zu handeln, mit Rollenvielfalt umzugehen, vernetzt zu arbeiten und kollektiv Verantwortung zu tragen, stellt die große Herausforderung an die Kompetenzentwicklung von Personen und Systemen dar. Es geht also einerseits um individuelle Kompetenzen als auch um systemische Kompetenzen. Die Zielgruppe für die Entwicklung von Kompetenzen im Sinne von Digital Leadership sind somit nicht alleine die Ebene der Führungskräfte oder der Nachwuchsführungskräfte, sondern die gesamte Belegschaft. Die genannten Perspektiven sollten also bei einer Lernarchitektur zur Kompetenzentwicklung von Digital Leadership berücksichtigt werden.

In der Realität befinden sich Organisationen auf einem sehr unterschiedlichen Digitalisierungsniveau (s. Kap. 1.2), sodass klassische Personalentwicklungsmethoden zum Kompetenzaufbau mit neuen Lernarchitekturen kombiniert werden müssen. Dabei kann man sich zunächst an den einzelnen Elementen einer kompetenzorientierten Lernarchitektur orientieren, die im Folgenden dargestellt werden.

Individualisierte und selbstorganisierte Lernpfade

Die starre Vorgabe von Lernzielen, Lerninhalten und Übungseinheiten in feststehenden Curricula entspricht nicht den Anforderungen einer kompetenzorientierten Lehre. Die lernenden Personen haben unterschiedliche Ausgangsvoraussetzungen in Bezug auf Präferenzen, persönlichen Eigenschaften, Lerngewohnheiten, bereits vorhandenen Kompetenzen, Tempi und Schwerpunkte der anvisierten Lernfelder. Somit sind individualisierbare, flexible Lernwege gefragt.

Klärung persönlicher Entwicklungsfelder

Die Basis individueller Lernwege ist die Klärung persönlicher Entwicklungsfelder. Übertragen auf organisationale Systeme heißt dies im Sinne einer strategischen Personalentwicklung, dass Kompetenzbereiche für bestimmte Funktionen, Rollen und Aufgabenanforderungen beschrieben werden. Diese können mit Selbst- und Fremdeinschätzungstools erhoben und mit Sollwerten abgeglichen werden. Auch hier gilt in agilen Kontexten das Gebot der schnellen Anpassungsmöglichkeit auf sich verändernde Bedingungen.

Kompetenzeinschätzung zur Definition von Entwicklungsfeldern

Die Definition von Kompetenzbereichen und ihren praktischen Umsetzungen kann sich an existierenden, wissenschaftlich entwickelten Kompetenzeinschätzungen orientieren, bedarf aber einer Anpassung an die Belange der jeweiligen Organisation bzw. Organisationseinheit. Im Sinne von agilen Anpassungsprozessen müssen auch die entsprechenden Kompetenzen in einem gewissen Ausmaß veränderbar sein. Starre Tools zur Kompetenzeinschätzung sind hierfür nicht hilfreich, redaktionell anpassbare Online-Tools sind hierfür geeigneter, insbesondere da Aspekte der Organisationskultur, etwa was Formulierungen und Standards anbelangt, berücksichtigt werden müssen. So ist es ein Unterschied, ob sich eine Organisation als Unternehmen versteht, als Dienstleister oder als gemeinnützige Organisation.

Wenn die Selbst-und Fremdeinschätzung online durchgeführt wird, ist sie schneller auswertbar, da die Ergebnisse nicht manuell zusammengetragen werden müssen. Ein weiterer Vorteil ist, dass vollständige Fragebögen vorliegen und keine Übertragungs- bzw. Auswertefehler unterlaufen.

Selbst- und Fremdeinschätzung

Sobald die Selbst-und Fremdeinschätzung online beendet ist, kann eine grafische Darstellung der Ergebnisse direkt in einer virtuellen Sitzung in einem stärkenorientierten Coaching-Dialog mit einer Führungskraft, einem Mitglied des Personalentwicklungsteams oder mit einem Coach bearbeitet werden. Hierbei können die Entwicklungsfelder festgelegt werden, welche für die Person und die Organisation stimmig und hilfreich sind.

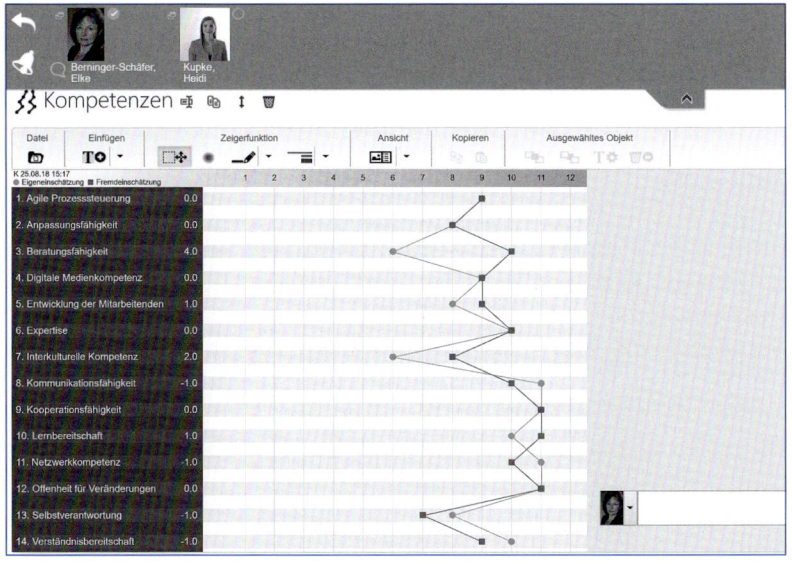

Abb. 45: Kompetenzeinschätzung in der CAI® World

Ressourcen
identifizieren

In einem kompetenzorientierten Ansatz geht es nicht darum, Defizite festzustellen, sondern Ressourcen zu identifizieren. Das Ziel ist, bereits vorhandene, möglicherweise noch ungenutzte bzw. zu entwickelnde Potenziale zu entfalten. Abb. 45 auf der vorangegangenen Seite zeigt das Beispiel eines grafischen Ergebnisses einer Kompetenzeinschätzung, das im Coaching-Format der CAI® World bearbeitet wird.

Einzelpersonen können auch für sich alleine ein Kompetenzeinschätzungstool nutzen und entsprechend ihrer eigenen Zielsetzungen, Vorlieben oder Laufbahnwünschen einen Entwicklungsweg begehen.

Wissensgenerierung

Durch die digitalen Möglichkeiten kann vielfältiges Wissen online zur Verfügung gestellt werden, sodass aus einem großen Pool von Themenfeldern, z.B. in einer virtuellen Akademie, das ausgesucht werden kann, was für den definierten, persönlichen Entwicklungsweg sinnvoll ist.

Kurzinputs und
multimediale
Unterlagen

Dadurch geschieht die Aneignung von Wissen teilnehmerorientiert. Das bedeutet, dass allgemeines Wissen zu den zuvor identifizierten Themenfeldern zur Verfügung gestellt wird, z.B. durch Kurzinputs und multimediale Unterlagen (schriftlich, Videos, Audios) in kleinen Einheiten zum interaktiven Selbstlernen. Die persönliche Wissensaneignung wird zusätzlich gefördert durch das Erstellen und Nutzen von Wikis und die Ermöglichung von individuellen Lernpfaden. Dies kann und sollte mit einer lernbegleitenden Person geschehen, mit der auch die Lernformen und deren Kombination geklärt werden können. Die lernbegleitende Person kann mit der lernenden Person Zwischenetappen vereinbaren, die zur Transferunterstützung in der Erreichung der Lernziele nutzbar sind. Der Austausch mit Themen und anderen Lernenden erfolgt strukturiert, teilweise autark organisiert und teilweise in Begleitung von Lehrpersonen bzw. Kompetenzcoachs (s. Peer-Lernen und Kompetenzcoaching).

Wenn es sich um zertifizierte Lernwege handelt, kommt es in der Regel zu einer Mischung zwischen klarer Rahmensetzung in Form von thematischen Schwerpunkten als E-Learning, Blended Learning und Social Learning, Praxiseinheiten und Überprüfungen mit individueller Lernbegleitung, z.B. durch Kompetenzcoaching und kollegialen Lerneinheiten mit berufsbezogene Praxisprojekten und Transfercoaching. Die Häufigkeit und Form (z.B. online oder Face-to-Face) kann ganz oder zumindest teilweise selbst bestimmt werden.

Handlungsorientierung

Da die Handlungs- und Aktivitätskompetenz für Digital Leadership eine herausragende Rolle spielt, werden in konkreten Praxisprojekten neue Verhaltensweisen durch die Lernenden erprobt.

Anhand von konkreten Problem- und Fragestellungen aus den organisationalen Bezügen der Lernenden werden digitale Führungssituationen lösungsorientiert durchgespielt, sei es, dass sie simuliert oder bereits beispielhaft umgesetzt werden. Die dabei gemachten Erfahrungen werden reflektiert und führen zu neuen Ziel- und Maßnahmenplanungen in den jeweiligen Lernfeldern. Durch Feedback und Rückkoppelungsschleifen kommt es zu Veränderungen von Zielen und Maßnahmen, entsprechend den Anforderungen an Agilität, die dadurch bereits gelebt werden.

Digitale Führungssituationen werden simuliert

Transferorientierung

Die Praxisprojekte sollen einen Mehrwert sowohl für die lernende Person als auch für die beauftragende Organisation bieten, wobei dadurch auch die lernende Organisation unterstützt wird. Die enge Verzahnung der Praxisprojekte mit den Bedarfen der Organisation stärkt die Lernenden, bietet soziale Verankerung und vielfältige Feedback-Möglichkeiten. Durch den Bezug zu den eigenen Organisationswelten, ihren Rollen, Funktionen und Aufgaben erfolgt über die gewählten Praxisprojekte bereits ein Transfer in den eigenen beruflichen Alltag. Mit Transfercoaching werden die Teilnehmenden in kurzen Online-Sitzungen dabei unterstützt, gefasste Ziele in ihren Realsituationen umzusetzen bzw. anzupassen (s. Beispiel in Kap. 4.3).

Bedarfsgerechtes Lernen

Vernetztes Lernen

LernbegleiterInnen unterstützen nicht nur Einzelpersonen, sondern auch Peer-Gruppen von mehreren Personen in der angestrebten Kompetenzentwicklung.

Lernen in Peer-Gruppen

In Peer-Gruppen von 3-4 Personen können die Teilnehmenden abwechselnd unterschiedliche Rollen (z.B. Führungs-, Moderations-, Coach- und Mitarbeitendenrolle) einnehmen und die dazugehörigen Prozes-Steuerungs- oder Gesprächsführungstechniken online üben. Das Lernen in Dreiergruppen hat sich gegenüber dem Lernen in Tandems als effektiver erwiesen, da immer eine beobachtende Person dabei ist, wenn zwei Akteure ein bestimmtes Gesprächsformat üben. Diese Person kann aus ihrer Perspektive Feedback geben. Zudem ist die Verbindlichkeit bei drei

Lernen in Dreiergruppen

Personen höher als bei Tandems. Durch gemeinsames Üben konkreter Situationen aus der Praxis der Teilnehmenden oder von vorgegebenen Fallbeispielen erhöht sich die Handlungskompetenz. Reflexionsrunden, Feedback und Modelllernen unterstützen diese gemeinsame Entwicklung. Damit werden auch analytische (Reflexion) und soziale Fähigkeiten (Feedback) gestärkt und unbewusst (Modelllernen) verankert. Es werden dabei sowohl konstruktives Beziehungsmanagement als auch ressourcen-, ziel- und lösungsorientierte Online-Vorgehensweisen geübt.

Coaching-Konferenzen

Lernen durch Beziehungs-gestaltung

Nach dem Erwerb von grundlegenden Coaching-Kompetenzen (Haltung, Prozesssteuerung und Methoden) erleben Teilnehmende an Coaching-Konferenzen eine Beziehungsgestaltung in einer Gruppe, die getragen ist von Wertschätzung, Respekt, Offenheit, Empathie und Perspektivenvielfalt. Die Akzeptanz von unterschiedlichen Lösungswegen für bestimmte Anliegen führt zu kreativen Gruppenprozessen mit oftmals neuartigen Ergebnissen. Die Verbindung zwischen Ethik, einem konstruktiven Kommunikationsverhalten und Coaching-Prozessen erhöht die Selbstwahrnehmung und Verbalisierungsfähigkeit der Teilnehmenden, steigert ihr methodisches Repertoire und entwickelt ein „Lösungsnetzwerk", das jederzeit im Sinne einer Schwarmintelligenz für konkrete Anliegen aktiviert werden kann. Die Durchführung von Coaching-Konferenzen mit ca. 8-10 Teilnehmenden in der Online-Variante stärkt die Medienkompetenz und die Medienkommunikationskompetenz. Werden mehrere Anliegen simultan bearbeitet, erleben die Teilnehmenden eine äußerst effektive Methode, schnell zu umsetzbaren Lösungen zu kommen, bei der die Gruppenintelligenz gezielt genutzt wird (s. simultane Coaching-Konferenzen in Kap. 4.3). Es entsteht ein Online-Netzwerk von sich gegenseitig unterstützenden Personen, das beispielhaft für weitere netzwerkartige Vorgehensweisen sein kann. Darüber hinaus können die Teilnehmenden jederzeit ihre kollegiale Coaching-Gruppe aktivieren, wann immer sie ein Anliegen haben, das sie ggf. auch asynchron bearbeiten können.

Kompetenzcoaching

Begleitung durch einen Lehrcoach

Die Begleitung durch einen individuellen Lehrcoach ergänzt und reflektiert die Wissensaneignung, die Praxisprojekte und die Lernerfahrungen in den Gruppen (Peergruppen und Coaching-Konferenzen). Im persönlichen Kompetenzcoaching ist es möglich, ganz gezielt individuelle Themen vertieft zu bearbeiten. Diese beziehen sich auf die eigene Person in ihrer systemischen Einbindung und Wechselwirkung mit ihren

Lebenswelten. Hierzu gehören die Reflexion der Rollen, Funktionen, Aufträge, Ziele, Ressourcen und Optionen. Der Fokus liegt sowohl im intrapersonellen als auch im interpersonellen Geschehen. Werte und Normen, Glaubenssätze und Motivatoren werden reflektiert und ggf. im Sinne von kompetentem Handeln modelliert. Für konkrete Anliegen werden umsetzbare Lösungen gefunden. Der Coach selbst ist ein Vorbild, sowohl in Haltung als auch in wertschätzender Beziehungsgestaltung. Abb. 46 fasst die beschriebenen Kennzeichnen einer kompetenzorientierten Lernarchitektur zusammen.

Der Coach als Vorbild

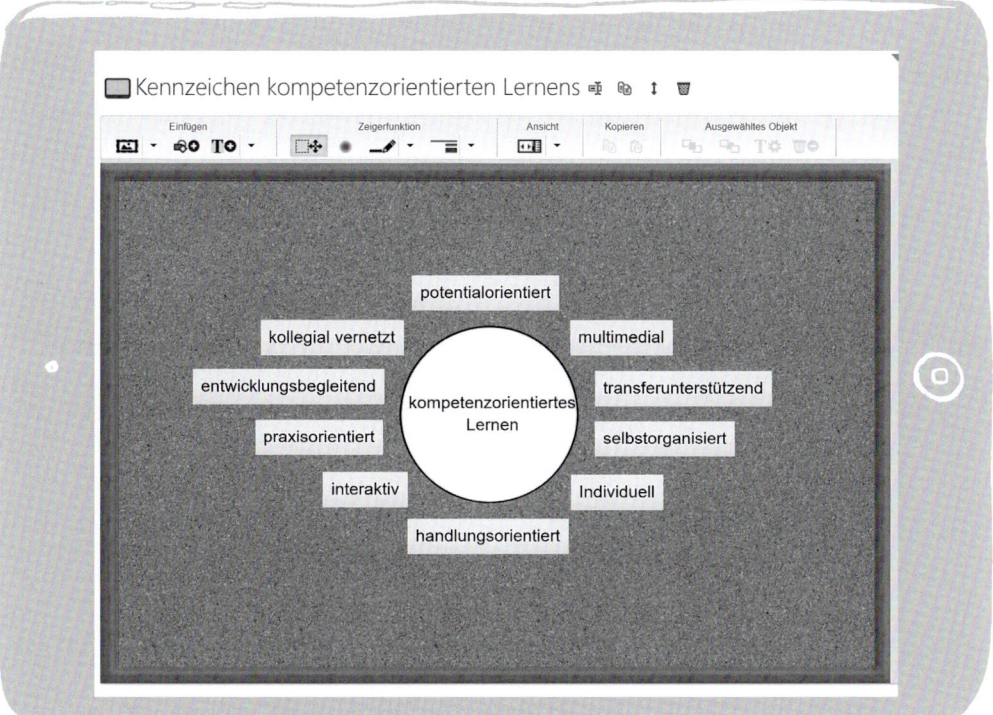

Abb. 46: Kennzeichen kompetenzorientierten Lernens

Die dargestellten einzelnen Elemente einer kompetenzorientierten Lernarchitektur lassen sich in folgenden Abbildungen (Abb. 47-50) in einer zeitlich sinnvollen Reihenfolge zusammenfassen.

Lernpfad zur Kompetenzentwicklung

Strategische und inhaltliche Vorbereitung

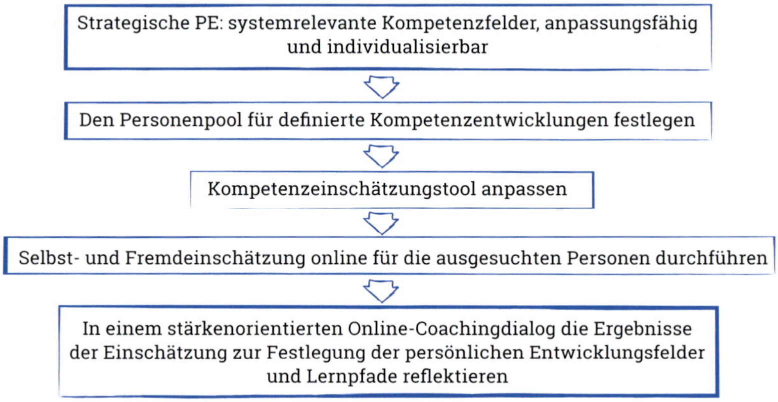

Abb. 47: Lernpfad zur
Kompetenzentwicklung:
strategische und
inhaltliche Vorbereitung

```
┌─────────────────────────────────────────────────────────────┐
│ Strategische PE: systemrelevante Kompetenzfelder, anpassungsfähig │
│                   und individualisierbar                       │
└─────────────────────────────────────────────────────────────┘
                              ▽
┌─────────────────────────────────────────────────────────────┐
│ Den Personenpool für definierte Kompetenzentwicklungen festlegen │
└─────────────────────────────────────────────────────────────┘
                              ▽
        ┌──────────────────────────────────────────┐
        │ Kompetenzeinschätzungstool anpassen        │
        └──────────────────────────────────────────┘
                              ▽
┌─────────────────────────────────────────────────────────────┐
│ Selbst- und Fremdeinschätzung online für die ausgesuchten Personen durchführen │
└─────────────────────────────────────────────────────────────┘
                              ▽
┌─────────────────────────────────────────────────────────────┐
│ In einem stärkenorientierten Online-Coachingdialog die Ergebnisse │
│ der Einschätzung zur Festlegung der persönlichen Entwicklungsfelder │
│              und Lernpfade reflektieren                        │
└─────────────────────────────────────────────────────────────┘
```

Organisatorische Vorbereitung

Abb. 48: Lernpfad zur
Kompetenzentwicklung:
organisatorische
Vorbereitung

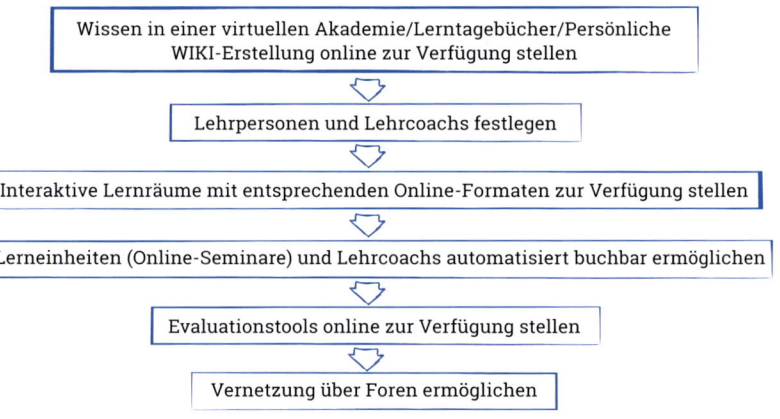

```
┌─────────────────────────────────────────────────────────────┐
│ Wissen in einer virtuellen Akademie/Lerntagebücher/Persönliche │
│         WIKI-Erstellung online zur Verfügung stellen          │
└─────────────────────────────────────────────────────────────┘
                              ▽
        ┌──────────────────────────────────────────┐
        │ Lehrpersonen und Lehrcoachs festlegen      │
        └──────────────────────────────────────────┘
                              ▽
┌─────────────────────────────────────────────────────────────┐
│ Interaktive Lernräume mit entsprechenden Online-Formaten zur Verfügung stellen │
└─────────────────────────────────────────────────────────────┘
                              ▽
┌─────────────────────────────────────────────────────────────┐
│ Lerneinheiten (Online-Seminare) und Lehrcoachs automatisiert buchbar ermöglichen │
└─────────────────────────────────────────────────────────────┘
                              ▽
        ┌──────────────────────────────────────────┐
        │ Evaluationstools online zur Verfügung stellen │
        └──────────────────────────────────────────┘
                              ▽
        ┌──────────────────────────────────────────┐
        │ Vernetzung über Foren ermöglichen          │
        └──────────────────────────────────────────┘
```

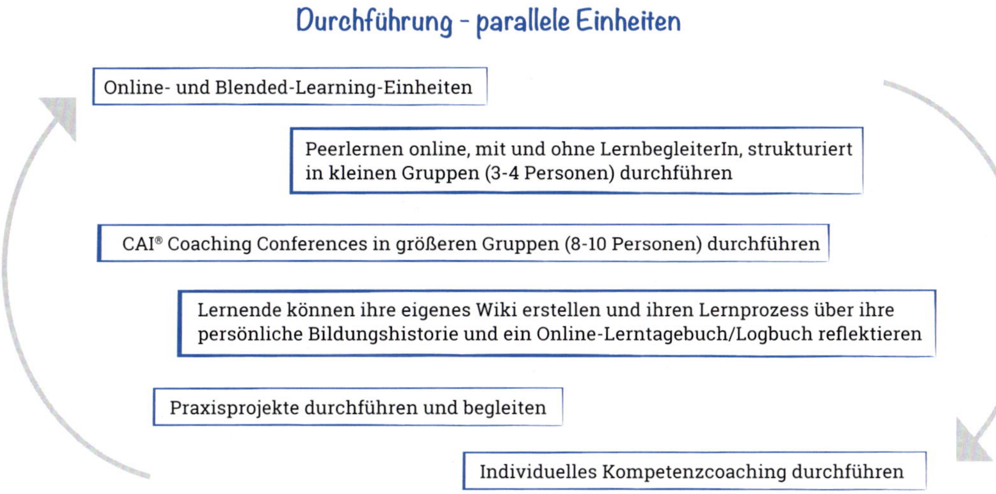

Durchführung - parallele Einheiten

Online- und Blended-Learning-Einheiten

Peerlernen online, mit und ohne LernbegleiterIn, strukturiert in kleinen Gruppen (3-4 Personen) durchführen

CAI® Coaching Conferences in größeren Gruppen (8-10 Personen) durchführen

Lernende können ihre eigenes Wiki erstellen und ihren Lernprozess über ihre persönliche Bildungshistorie und ein Online-Lerntagebuch/Logbuch reflektieren

Praxisprojekte durchführen und begleiten

Individuelles Kompetenzcoaching durchführen

Abb. 49: Lernpfad zur Kompetenzentwicklung: Durchführung

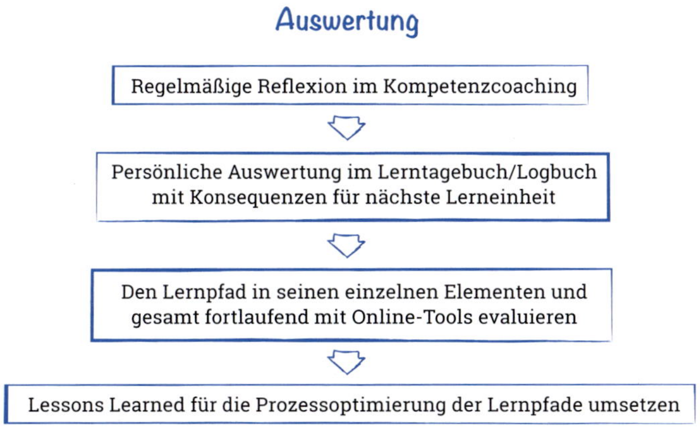

Auswertung

Regelmäßige Reflexion im Kompetenzcoaching

Persönliche Auswertung im Lerntagebuch/Logbuch mit Konsequenzen für nächste Lerneinheit

Den Lernpfad in seinen einzelnen Elementen und gesamt fortlaufend mit Online-Tools evaluieren

Lessons Learned für die Prozessoptimierung der Lernpfade umsetzen

Abb. 50: Lernpfad zur Kompetenzentwicklung: Auswertung

Beispielhafte Umsetzungen dieser Lernarchitektur finden sich bei den Curricula Online-Coach, Agiler Coach und Agiles Management Online unter https://www.karlsruher-institut.de/lehrgaenge (21.02.2019).

Die Kompetenzentwicklung der dargestellten Lernarchitektur braucht entsprechende Angebote, Prozesse, Tools und Personen, die sie beauftragen, begleiten und durchführen können. Hier ist insbesondere eine strategische Personalentwicklung gefordert, welche die Kompetenzfelder für Digital Leadership und Coaching definieren und digital qualifizieren muss. Auch bei TrainerInnen und Coachs bedarf es einer Veränderung ihres „Mindsets" und eine Erweiterung ihres Kompetenzspektrums, wenn sie ihre Dienstleistungen mit professionellem, digitalen Knowhow durchführen und ihre Zukunftssicherung gewährleisten wollen.

7 Fazit – Leading myself

> „Die digitale Revolution ist gekommen, um zu bleiben. Nutzen wir sie für unseren Erfolg."
> (Brandes-Visbeck & Gensinger, 2017)

Das Zusammenspiel von menschlichen Kompetenzen und virtuellen Möglichkeiten

Momentan und mittelfristig geht es um das intelligente Zusammenspiel von menschlichen Kompetenzen und virtuellen Möglichkeiten. Wenn dieses Zusammenspiel einen Mehrwert bietet, was weder die künstliche Intelligenz noch die menschliche Intelligenz, Intuition und Kreativität alleine können, dann kann dies auch ein Modell für die weitere Zukunft werden.

Dies ist aus heutiger Sicht jedoch nicht absehbar. Digital Leadership wurde in diesem Buch zunächst dargestellt als eine Anforderung an Führung im Zeitalter der Digitalisierung mit sich verändernden Rollenmodellen, Prozessabläufen und methodischen Vorgehensweisen. Die zunehmende Digitalisierung in Organisationen führt jedoch dazu, dass Führungsverhalten selbst digitalisiert werden kann. Dies beinhaltet viele Chancen, die sinnhaft und angemessen genutzt werden können, nicht zuletzt, um Führungskräfte bzw. Personen, welche Führungsrollen auch vorübergehend einnehmen, zu entlasten. Denn aus den dargestellten aktuellen Führungskonzepten und Kompetenzanforderungen an Führung muss die Führungskraft der Gegenwart mindestens zum „Superhero" werden.

Gefragt ist der „Superhero"

„Übermenschliche" Anforderungen

Die Führungskraft des digitalen Zeitalters muss aufgrund der beschriebenen Herausforderungen geradezu als Übermensch und Held, triefend von Altruismus, Nächstenliebe und Hingabe erscheinen. Sie orientiert sich am Wohl der Organisation, der Teams, der Individuen und Netzwerke. Sie verzichtet auf Selbstdarstellung, Zuschreibung von Erfolg, Status und persönlichen Interessen. Sie ist bedürfnisfrei und kann sich jederzeit dem Wohl des Ganzen und der anderen unterordnen. Sie trägt Verantwortung, begleitet Menschen, Prozesse und Interaktionen und orientiert sich an deren Zielen und Lösungen im Zusammenspiel mit den Zielen und der Top-Leistung der gesamten Organisation.

Sie ist Vorbild in Achtsamkeit, Wertschätzung, Respekt und konstruktiven Beziehungsgestaltungen. Sie hat soziale Werte internalisiert, kann begeistern, energetisieren, motivieren und entfalten. Sie überzeugt durch hohe Kompetenz, kann Fehler eingestehen und anderen Fehler zugestehen. Sie ist empathisch, integer und authentisch. Sie kann loslassen und Prozesse der Selbstgestaltung den Mitarbeitenden überlassen, ohne zu kontrollieren. Dabei steht sie mit großer Aufmerksamkeit für die positive Entwicklung von Prozessen und dem jederzeitigen Eingreifen zur Konflikt- und Problemlösung zur Verfügung.

Sie balanciert Herausforderungen zur Weiterentwicklung Einzelner und Organisationen mit Ressourcen so aus, dass Wohlbefinden und Leistung gesteigert werden können. Sie verfügt über eine ausgeprägte Selbstbeherrschung, bei großer Offenheit und Sensibilität und nimmt Fehler hin.

Mehr noch: Im Idealfall handelt sie nicht wie ein Mensch mit Emotionen, Bedürfnissen, Ambivalenzen, eigenen Interessen und persönlichen Entwicklungswegen, prägenden Erfahrungen, stabilen Persönlichkeitseigenschaften und physiologischen Zyklen.

Dem Ideal ein Stück näher kommen

Können Führungsvorstellungen, wie sie in Bezug auf Digital Leadership gefordert werden, überhaupt realistisch sein? Wohl nicht. Da es (glücklicherweise) zum gegenwärtigen Zeitpunkt auch noch keine künstliche Intelligenz gibt, die diesen Ansprüchen gerecht wird, müssen sich entweder die Führungsmodelle und die damit zusammenhängenden Managementmodelle ändern oder es sollten sich die Führungskräfte auf den Weg machen, dem Ideal des Digital Leaders ein Stück näher zu kommen.

Hierzu braucht es hohe personale Kompetenzen, die mit Selbstmanagement und persönlicher Lern- und Entwicklungsbereitschaft einhergehen.

Hohe personale Kompetenzen

Eine umfassende Vision über die eigenen Lebensziele, den persönlichen Lebensentwurf, der immer wieder angepasst werden muss, ist die Quelle der Motivation. Daraus entsteht die Begeisterung, sich für Ziele einzusetzen, Durststrecken zu überwinden, durchzuhalten und immer wieder die Kraft für zukünftige Entwicklungen zu finden.

Resilientes Verhalten

Die eigene Kraft zu erhalten, ist die Voraussetzung für das Vorbildverhalten gegenüber anderen und für Aktivitäten, welche die Gesundheit in einer Organisation erhalten.

Die Stärkung persönlicher und organisationaler Resilienz setzt Wissen über persönliches und betriebliches Gesundheitsmanagement voraus sowie Techniken, diese zu beeinflussen. Hierzu gehören der konstruktive Umgang mit Stress, das Vermögen, auf ein positives Teamklima hinzuarbeiten, eine wertschätzende Führungskultur zu etablieren und die Prinzipien von Verstehbarkeit, Machbarkeit und Sinnhaftigkeit für Mitarbeitende und sich selbst zu verwirklichen.

Achtsamkeit sich und anderen gegenüber ist sowohl als Haltung als auch als Technik für die persönliche Gesundheitsförderung wichtig. Sie hat Einfluss auf das Selbstmanagement und nachweislich auch auf die emotionale und soziale Intelligenz (Dehner & Dehner, 2015; Kabat-Zinn (2013; Wagner, 2011). Darüber hinaus stärkt Achtsamkeit die Hirnleistung und beeinflusst physiologische Vorgänge positiv (Hanson & Mendius, 2011; Roth & Ryba, 2016).

Achtsamkeit ist aber auch ein wichtiges Element im Führungsalltag zur Beeinflussung einer gesunden Organisationskultur sowie auch für die Ausführung von Digital Leadership. Um den Anforderungen gerecht zu werden, braucht es eine achtsame Wahrnehmung von Personen, Prozessabläufen und strukturellen Voraussetzungen, wenn kurzfristig, iterativ und agil gehandelt werden soll.

Hierzu gehören die Entwicklung mentaler Stärken, emotionaler Intelligenz und körperlicher Fitness. Dies geschieht durch Ressourcenpflege und -aktivierung, durch Orte und Zeiten des Innehaltens, der Reflexion und Entscheidung. Persönlichkeits- und Kompetenzcoaching unterstützen die Selbstregulation sowie die regelmäßige und situative Rollen- und Aufgabenklärung. Die eigene Professionalisierung in der Coaching-Haltung und in der Steuerung von Online-Coaching-Prozessen stellt das Fundament einer Organisationskultur dar, auf der sich Digital Leadership entfalten kann.

Kompetenzen in agilem Online-Management sind bestens anschlussfähig, da sie ebenfalls eine Kultur der Ermächtigung, des Rollenbewusstseins und der geteilten Verantwortung mit Respekt von Einzigartigkeit und Vielfalt, Wertschätzung der Personen und empathischem Beziehungsmanagement brauchen und gestalten.

Die Digitalisierung der Führungstätigkeit über professionell entwickelte Online-Führungsprozesse und -tools genügt somit nicht nur den aktuellen Anforderungen an Digital Leadership, sondern stellt eine Entlastung der Führungskräfte dar und ermöglicht es, dass Führung leicht von unterschiedlichen Personen wahrgenommen werden kann.

Stichwortregister